U0435455

鲸的文化史

[法] 米歇尔·帕斯图罗 著　王玨 译

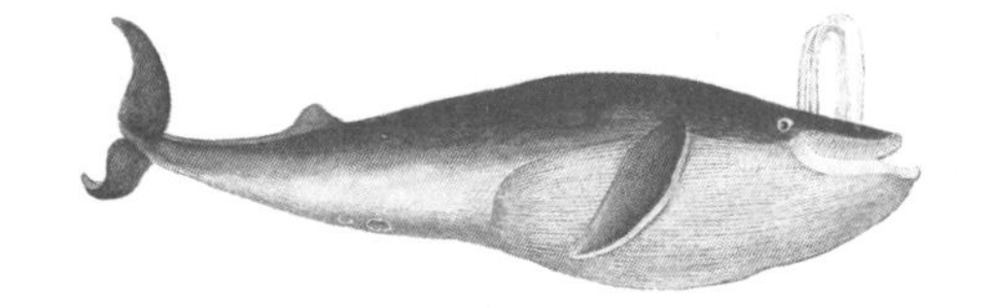

生活·讀書·新知 三联书店

图书在版编目（CIP）数据

鲸的文化史 /（法）米歇尔·帕斯图罗著；王珏译.
北京：生活·读书·新知三联书店，2025. 4. -- ISBN
978-7-108-08007-3

Ⅰ. Q959.841

中国国家版本馆 CIP 数据核字第 20255QR426 号

责任编辑　崔　萌
装帧设计　薛　宇
责任校对　曹忠苓
责任印制　李思佳
出版发行　生活·讀書·新知 三联书店
（北京市东城区美术馆东街 22 号 100010）
网　　址　www.sdxjpc.com
经　　销　新华书店
制　　作　北京金舵手世纪图文设计有限公司
印　　刷　天津裕同印刷有限公司
版　　次　2025 年 4 月北京第 1 版
2025 年 4 月北京第 1 次印刷
开　　本　720 毫米 × 880 毫米　1/16　印张 14
字　　数　82 千字　图 80 幅
印　　数　0,001－3,000 册
定　　价　79.00 元
（印装查询：01064002715；邮购查询：01084010542）

LA BALEINE

Une histoire culturelle

目
录

目　录

Contents

前　言

世间所有动物里体量最大的当数鲸。这也是它长久以来让人类着迷的原因。鲸的外表与行为极其独特、罕见，因此常被视作魔鬼，人们对它既害怕又好奇。能一睹其真容的机会实不易得，因此与鲸有关的思考和幻想也数不胜数。历史上罕有巨型哺乳动物让人类如此魂牵梦萦，甚至大象也无法与它相提并论。直至今日，情况仍是如此。一方面，对鲸目动物的研究吸

◀ **被当作小岛的鲸**

鲸在晒太阳时会将背部露出水面，水手在旅行中误将鲸的背部当作小岛是中世纪文学中的常见桥段。他们甚至在鲸背上“登陆”并在那里生火。类似的举动当然会惊扰这个庞然大物，它只需一个甩尾，就可以让背上的一切沉入海底。在配有彩绘插图的动物寓言集中，这样的场景也经常出现。这些作品中的鲸常被塑造成周身覆满鳞片的大鱼。它的尾巴宽大，没有鲸须，看似一个可以吞噬一切的巨型怪兽：鱼、水手，甚至整条大船都休想逃脱。

拉丁语动物寓言集，约1230～1235年。伦敦，大英图书馆，MS Harley 4751，第69张

引了越来越多的年轻学者；另一方面，观鲸旅行的热度在大众中逐年升高。人类关于鲸的认知一直在进步，然而，这并未阻碍人们围绕鲸生出许多天马行空的想象。因此可以说，在生物圈内，鲸是个独特的存在。

鲸的历史与海洋史、航海史、人类的探索史紧密相连，且它经常出现在与巨型怪兽、超自然生物或神奇动物有关的神话中。同时，鲸的历史也与人类动物认知的发展和物种分类的细化息息相关。鲸到底算超大型鱼类还是算巨型海洋生物？到底应将其归入哪一类目？从亚里士多德到卡尔·冯·林奈，若干世纪里，所有作者在面对这种他们从未见过、无法分类的物种时都变得既犹豫又困惑。它是野生动物不假，但我们既不能将它放进养鱼池，也不能将它安置在水族馆，更不可能圈养在公园或动物园。对鲸目动物的分类、再分类从未停止过。这是异乎寻常的一目，包括长须鲸、抹香鲸、鳁鲸、逆戟鲸、海豚、鼠海豚等。

人类很早以前就曾观测到鲸。在某些北方海滨，人类发现鲸的时间也许可以上溯至新石器时代。十六七世纪，人类对鲸的狩猎范围越来越大，离开了近海峡湾和海湾，开始深入远洋，因此人类对鲸的观测越来越多，它们的神秘面纱逐渐被揭开。从那时起，随着雕刻术的进步，带有鲸形象的图像作品变得越来越多，越来越精细。同时，鲸的骨架和下颌骨开始出现在珍奇屋*中，这也让人类可以对鲸从解剖学角度进行更深入的研究。18世纪末，鲸和所有其他鲸目动物被最终归入哺乳动物，即胎生，母体用乳汁哺育幼崽的动物。虽然其外表与形象开始为人所知，但它们的习性与社会性在很长一段时间内仍是人类的知识盲区。直至今日，人类也未能全面了解。

捕杀一头长须鲸或抹香鲸可以获得许多产品，由此催生出一种收益极大的产业。19世纪下半叶捕鲸业诞生，但从20世纪50年代起，该产业被认为摧毁性极大，因此人们开始限制捕鲸业发展，设立捕鲸数量配额，之后开始延长捕鲸的休渔期，最终发展到全面禁止捕杀鲸。如今，很多国家实施了捕鲸禁令，并用鲸观光业代替了捕鲸业。另一些国家则声称捕鲸是“祖先的传统”，因此继续猎杀鲸，但确实极大地减少了捕杀数量。现在，许多种类的鲸濒临灭绝，如北大西洋露脊鲸和地球上最庞大的生物——蓝鲸。另一些已经从这个星球上的绝大部分海洋中彻底消失，如灰鲸，它曾经是欧洲、美洲海域捕杀量最大的鲸。

在此期间，鲸的代表性形象发生了巨大变化。长久以来，它一直被塑造成一种巨大的、令人生畏的鱼，代表邪恶之力。

* 珍奇屋，15到18世纪间，欧洲贵族用于陈列稀奇、珍贵文物的场所，是博物馆的前身。——译者注，以下若无特别说明均为译者注

《圣经》和古代神话中，鲸被塑造成一部“吞噬机器”，是圣人之怒的极端表现。之后，中世纪动物寓言集将所有的邪恶赋予鲸，将它视作魔鬼的化身。当代文学对这种动物也没有展现出更多的宽容，极力强调它的残忍与耐力：它是水手的大敌，是海中巨怪，比如白色抹香鲸摩比·迪克。赫尔曼·梅尔维尔在一部非常有名的小说（1851）中讲述了亚哈船长执着于杀死一头残忍的白色抹香鲸的故事。然而，随着时间的推移，鲸的骇人形象逐渐褪去，直至完全消失，最后甚至完成了形象大反转：曾经被视作海中巨怪的鲸逐渐拥有了温和的形象。再加上人类的贪婪与恶毒对它造成的伤害，鲸成了令人可怜的动物。

如今，它也是儿童读物中的明星，它和狼一起一雪前耻，双双赢得了温厚宽和的美誉。“鲸”这个名字足以激发孩子们的兴趣，这是一个在他们听来非常“好玩儿”的名字，吊足了孩子们的胃口，当然也吸引着成人的眼球。事实上，如今在各种商标、标识、徽章上，鲸随处可见。当代艺术家也完全被它征服，并在各种各样的作品中，重新带着幸福感审视它。画一只鲸或雕刻一只鲸几乎立刻就能赢得大众的好感。如今，丑恶的鲸已经不复存在，现存于世的只有丑恶的人类，我们是海洋的破坏者，是野生物种的屠杀者。这也是为什么鲸的善良形象不仅出现在童书中，它也是保护环境或保护其他生物活动中最常被选作标志形象的代表性符号。鲸不再吞食人类，它成了饱受人类吞食之苦甚至濒临灭绝的受害者。特别是如今因过度开发海洋带来的不可避免的海洋污染，对鲸来说无疑更加致命。

*

有关鲸或鲸目动物的书籍数不胜数，其中不乏极具学术价值的佳作，反映出如今人类在该领域的认知及研究重点，但这些书籍主要为面向普通大众尤其是少儿和青少年读者的科普类读物，质量良莠不齐。上述书籍几乎均以与鲸有关的自然历史为研究主题，罕有研究其文化史的著作，即便有，研究范围也很有限。如今，我们已经可以读到一些与捕鲸相关的历时性研究，但这些研究的历史期限分布极其不均，约4/5甚至更多的篇幅都在介绍19、20世纪的情况。另一些研究成果则只针对某一特定物种、特殊问题、特定时段或地区。目前，尚未出现一部完整的、不偏重某个问题或某个历史时期的、全面的鲸文化史。

本书旨在填补这一空白。本书也属于动物文化史系列，目前已有三部作品问世，主要研究对象是狼、公牛和渡鸦。讲述狐狸、驴、公鸡和龙的文化史作品正在构思中。本书按照时间发展的顺序详述与鲸相关的漫长历史，范围从青铜时代一直延续到当代。此外，本书仅立足欧洲，因为有关鲸的问题首先是一个社会问题：站在历史学家的角度讲鲸就必然会谈到曾经害怕它、捕杀它、瓜分它、吃它、研究它、描绘它、对它想入非非的人类。然而，我作为一个历史研究者，显然无法掌握五大洲所有社会的一手资料。我无意抄袭其他人的研究成果，因此我仅专注于我的认知、我的研究成果和近半个世纪以来我一直教授的内容。欧洲社会的范围已经足够宽泛，再加上还有如此漫长的文化史要研究：从古代神话到当代与动物相关的作品，广告形象、连环画、动画片、商标标识、电脑游戏等。

本书中对欧洲以外与鲸相关的历史和符号不做探讨。这当然令人惋惜，但我个人能力有限，亦无意简单抄袭或粗略概括我的同事们研究加拿大北部或古西伯利亚地区的成果，抑或是与韩国、日本、加勒比地区或其他地区文化相关的作品。在整个北半球，鲸引起了人们对海洋的关注。它们有时会被看作令人生畏的怪兽，但更常被视作神的使者，甚至是海洋之神给人类的恩赐。俄国远东地区的古西伯利亚人及他们生活在阿拉斯加和加拿大伊努伊特地区的近亲从很久之前就产生了对鲸的崇拜。人种学家对这些地区的人很是关注，他们曾明确指出为何鲸在北极地区的人群中更多的是正面积极的形象，而在气候更温和的地区反而形象丑恶。我建议您可以读一读相关作品。虽然从16世纪开始，人类对长须鲸和抹香鲸的捕杀已经扩散到离旧大陆*很远的地方，但在本书中，我们只聚焦欧洲。

对鲸的猎杀事实上也是文化史的一部分，文化史比自然历史内容更繁杂、更广博、更包罗万象，这二者盘根错节，紧密相连。文化史首先是一部有关社会的历史，是专属于某一社会的集体意象的历史，内容涵盖价值观体系、公民意识构建方式、语言、词汇、艺术、文学作品、信仰、迷信、纹章、符号等。文化史也是有关知识的历史，讲述知识的演变、更替以及知识被古老的传统作为科学进步的成果接纳的过程。从这一点上说，自然历史可以被看作文化史的分支。为更有效地研究文化史走向，必须明确文化史中每个时期包含的内容，切勿使用现在对知识、意识及道德的评判标准评判过去。

出于同样的原因，在本书中也不会涉及当代鲸类学对不同种、亚种的精细分类。在本书中，多数情况下"鲸"一词是一个统称，包括抹香鲸与鳁鲸。在古代、中世纪和当代早期作者的作品中亦是如此。此外，历史上的大多数作者都用"抹香鲸"一词来特指雄性鲸。但是，所有作者都将海豚视作另一种动物，

* 指欧洲。

与鲸无关。海豚的文化史也值得用一整本书来介绍。从古希腊时期开始，有关海豚的神话数不胜数。在本书中，就让我们专注于鲸的文化史吧。

鲸文化史的相关资料并不匮乏，甚至可以用浩瀚来形容。这是一种真实存在的生物，然而没有人——或者几乎没有人——亲眼见过它，因此作者们对这个主题跃跃欲试，滔滔不绝。各种各样体裁的作品将鲸推上舞台，讲述与它有关的故事，令人萌发与它相关的幻想，对它展开调查。从形象艺术上说，鲸主题的作品也很丰富，与之相关的雕塑作品（约拿的故事）可上溯至早期基督教时期，绘画作品（彩绘动物作品）可上溯至封建社会；之后，鲸成为雕刻艺术青睐的形象；当代，它更是广泛出现在各种各样的文化载体上。在本书中，为了搭配文字，我选取了丰富多样的图片。和某些常见的动物（如野兔、河狸、海狸、獾等）情况不同，在处理鲸这个主题时，我遇到的困难不是图像资料匮乏，而是在众多资料中我不知该如何取舍。与鲸有关的资料真的太过浩瀚了。此外，鲸也是古代版画收集者最关注的主题之一，古代版画也是文化史的重要资料。

现在，让我们一起跟随鲸，沿着历史的长河迁徙，让我们一起看看这种古人并不了解的动物为何会被中世纪基督教视作恶魔，当代作家又如何一点点揭开它的神秘面纱，之后它又如何成为当代科学研究的宠儿，如今又是如何成为这颗蓝色星球陷入危险的象征。

1　面对海中巨兽的古人

Les Anciens face aux gros animaux marins

◂ **鱼的镶嵌画**

罗马人喜欢鱼，鱼在他们眼中不仅是食物也是观赏物。他们喜欢在鱼塘边静静地欣赏鱼儿在水中游。另外，他们也喜欢用各种各样的艺术手段将鱼的图样搬上墙壁、地板或餐具。一些著名作家，如瓦隆和普林尼，曾经描写罗马人如何在水池中养鱼，他们甚至会用手轻抚最喜爱的鱼儿。这幅镶嵌画在庞贝的一间名为“动物志”的房间中被发现。画面中出现的动物种类的多样性提醒我们在罗马人眼中“鱼”的世界和人类世界一样包罗万象。这幅画中几乎囊括了所有水中生物，不仅包括当代人认知中的鱼，还有软体动物、甲壳动物、海洋哺乳动物、淡水哺乳动物、爬行动物；水母、海绵、乌龟、水獭等。以上所有在罗马人眼中都是“鱼”。

鱼和章鱼的静物画，镶嵌画，公元前1世纪。那不勒斯，国家考古博物馆

绝大多数古典时代的作家在描绘想象中的鲸时都比描述现实中存在的鲸更不吝惜笔墨。然而，他们中的绝大多数都无法区分鲸和其他大体量的鲸目动物，这些作家会将所有海洋中的巨兽混为一谈，而这些动物也频繁出现在神话传说中。因此，许多文字与图像资料中出现的“鲸”与现今人类认知中的“鲸”相去甚远。再加上不论是在希腊语还是拉丁语中，“鲸”一词都缺乏明确的所指，因此，对荷马口中“生活在海洋中的身形巨大、令人生畏的众多巨兽”的辨认和分类变得异常困难。尽管如此，还是存在某些对此问题有独到见解的古代作家，如亚里士多德和普林尼，后者虽不及前者认识深入，但这二位的见解几乎可以被认为是他们所处时代对鲸的认知巅峰。他们不仅没有将鲸目动物和其他鱼类混为一谈，甚至还在这一目动物中辨认出了许多不同种的个体。

在鲸的问题上，《圣经》与神话传说无异。《圣经》中出现了各种各样的海洋生物，但我们无法为它们冠以明确的动物学名称。在约拿的故事中著名的“鲸”也没有被描写成鲸目动物，它更像是一只身形巨大的鱼。在这个故事中，只有巨兽的嘴和肚子被着重提及：前者负责吞食和咀嚼，后者则像一个洞穴，约拿在里面获得重生，在那里悲叹、沉思、懊悔。至于史前文明中出现的鲸，其形象实在太过隐秘，令人不禁自问，在新石器时代甚至青铜时代前，人们真的见过鲸吗？

寻找史前鲸

旧石器时代人类与鲸的关系我们无从知晓。野牛、原牛或马与旧石器时代人类的关系可以通过现存的考古学或肖像学发现被部分描绘，但对鲸来说，这是不可能的。我们至多可以猜测，当时，在海滩上，人们已经开始捡拾、收集搁浅鲸的肉、油、脂肪、皮肤，甚至脊椎和其他骸骨。当时的人类甚至会通过一种类似捕猎的行为“助力”鲸的搁浅。但这仅是猜想，没有任何确凿证据。旧石器时代欧洲人和海滨的关系仍有待研究。但很明显，在西班牙（特别是坎塔布里亚海滨及直布罗陀海峡附近的区域）发掘到的各种骨头制品——尤其是用于箭或其他工具的尖头上的骨制品——都出自露脊鲸或灰鲸。这两种鲸会前往比它们居住的海域水温更高的海岸产卵。然而，要为这样的物品进行准确断代非常困难，只能说它们出现在距今约18000～12000年间。

在各地被发现的抹香鲸牙齿雕刻作品——包括被打孔以用作装饰品的抹香鲸牙齿——也面临着断代困难的问题。在它们当中，时代最悠久的也许能上溯至马格德林时期。可以肯定的是，无论物品的种类如何，它们当时都在社会上流通。因为有些源自阿斯图里亚斯海滨的物品，最终发掘地远离海洋，如在

鲸骨箭头

西班牙巴斯克地区的德瓦河河谷附近有非常丰富的史前遗迹。在该地区的岩洞中，保存有许多极具考古价值的文物，尤其是用鲸骨和鲸须做成的武器与工具。

在德瓦河河谷（吉普斯夸省）赫米蒂亚洞穴发掘的箭头，距今约15000～13000年。戈尔达卢亚（西班牙），吉普斯夸遗产收藏中心

法国境内比利牛斯山区的岩洞，至于是人口流动导致这些物品流入此地还是物物交换，答案就不得而知了。

虽然罕见，但在悬崖、洞穴墙壁、小件物品上，偶有类似鲸目动物或巨型海洋生物的形象。这些图样上的海洋生物不仅难以辨别种类，同样也面临着断代困难的问题。在面对这些存在争议的形象时（如在西班牙北部提托·布斯蒂洛岩洞中发现的疑似鲸的图样），那些过度解读、模糊的解释或为了解释而想象出的怪物形象又从何而来呢？旧石器时代所有出现在岩墙或

抹香鲸牙雕

在法国和西班牙，考古人员发掘出各式各样的牙雕。这些牙雕并非猛犸象牙制品，而是在抹香鲸牙齿上的雕刻。此图为羱羊形双面牙雕，雕刻纹样一面为纵向，一面为横向。该文物于19世纪末在比利牛斯山地区的马萨齐儿岩洞（法国阿里埃日省）被发掘，此地距离大西洋海岸250公里，距地中海海岸150公里。该文物的发现证实了在马格德林中期（距今约15000～13000年）大型海洋生物制品在社会生活中的流通。

圣日耳曼昂莱，法国国家考古博物馆，int.47257（12.5厘米高）

雕刻在鲸骨上的动物形象

旧石器时代中后期出现了很多鲸骨制成的小尺寸艺术品，一些被切割成动物形，另一些则刻有动物形象。很多鲸骨制品的发掘地远离海滨，证实了当时该类物品的流通和交换活动的存在。

被切割、雕刻、打孔的鲸骨制品残片，马格德林时期。圣日耳曼昂莱，法国国家考古博物馆，MAN 74839，帕塞马尔德收藏小型文物（骨制品或鹿角制品）上疑似鲸目动物的形象都是不确定的、有争议的。尽管已经有很多出土文物吸引了人类的兴趣，如在拉斯卡尔达斯岩洞（近阿斯图里亚斯遗址的奥维耶多）发现的雕刻在抹香鲸牙齿上的大鱼（距今约14000年？），我们一定要抱着谨慎的科研态度对待它们。

为了提供更多的确切信息，我们必须将视角拉回“千年”的数量级，因为在欧洲发现的可以被明确识别为鲸的图像时代要近得多，它并非旧石器时代的产物，而是距今约1500～1200年前的青铜时代，甚至更近（约500年？）。该图像被发现于瑞典南部地区西海岸的塔努姆遗址，在哥德堡和奥斯陆之间。它被雕刻在一块花岗岩石板上，在一大片内容丰富的岩洞壁画中独树一帜。这幅壁画上刻有船、拉网、武器、工具、马、牲畜群、战争场面、捕猎场面和农耕场景。这样的画面也许与祈求丰收的信仰和宗教仪式相关。但鲸为什么会出现在这样的场景中呢？诚然，此地离海不远，鲸可以给社会生活带来大量实用的产品，但是这些理由就足以解释鲸的出现吗？另一幅在挪威最北部的阿尔塔壁画遗址发现的鲸图像距今时间也许更近，但相比之下，塔努姆遗址的图像更像鲸。

除非对在各个遗迹发掘的考古动物学材料进行深入研究，否则，以我们现有的认知，很难再针对史前鲸进行更深入说明，至少在欧洲范围内情况如此。在世界上的其他地方，不同的考古学发现似乎可以证实从距今约6000～3000年的新石器时代中期，人类的捕鲸活动已经开始。尤其是在韩国发现的各种岩刻画（盘龟台岩刻画，蔚山广域市）清晰地描绘出北太平洋中生存的多种鲸目动物，有些岩刻画中甚至可以看到人类拿着绳子和鱼叉捕杀鲸的场景。虽然它们的创作年代也很难被准确界定，但这些应该是被发现的距今最早的捕鲸场景。

神话故事与水中怪兽

希腊神话中不乏怪兽，尤其是生活在海洋中的或来自海洋的。鲸也可以被归入此类吗？答案显然是肯定的，但仅限于某些章节，比如刻托。这个怪物的名字本身也与鲸目动物有关（希腊语写作：*kêtos*，拉丁语写作：*cetus*）。其他海怪更接近章鱼或枪乌贼，有些甚至看上去像是多物种杂交而成，或者是某些我们根本无法用当代动物学名称命名的蛇形怪兽。可怜的斯库拉的故事里就出现了怪兽：女巫师喀耳刻因格劳科斯对斯库拉的爱心生嫉妒，最终将斯库拉变成海怪。原本美丽动人的仙女，成了长着十二条触手，每条触手的尖端还长着锋利长牙的骇人海怪。而且，它有六个头，每个头上都有锋利的牙齿。奥维德曾写道，仅当“被蛇围绕”时她才会移动（《变形记》，XI，

被变成海怪的斯库拉

斯库拉本是一位仙女，波塞冬的儿子格劳科斯爱上了她，女巫喀耳刻因此对斯库拉心生妒忌并加害于她，将她变为一只海怪。这个海怪在希腊肖像体系中形象多变，经常由一具女性的躯干加上狗头和一些蛇形元素构成。

陶土版画，据说来自米洛斯岛，约475～450年。巴黎，卢浮宫，希腊、伊特鲁里亚和罗马文物馆，CA313

322）。显然，斯库拉变成的怪兽更像某种大型章鱼而非鲸。在拉俄墨冬的故事中出现的怪物也和鲸不尽相同。拉俄墨冬是希腊神话中特洛伊的国王，他曾冒犯过阿波罗和波塞冬，后来，这两位神祇迫使他将女儿赫西俄涅交给一个“残忍的怪物”（伪阿波罗多洛斯，《书库》，II，6，4）。这个海怪经常从海里蹿出，将男男女女掳到旷野上。这个长相未被详细描述但专做害人性命之恶事的怪物不能被看作鲸或其他海洋生物，它更像一种地下神明或某种自然现象，如巨浪或海啸。赫拉克勒斯最终杀死海怪，解救了赫西俄涅。

海中怪兽

在希腊罗马画册中，许多海中怪兽都似蛇形长龙，它们都长着两只爪子，一条长长的尾巴以及尖利的背鳍。有些有耳朵，有些没有。有些个体的尾巴宽大吓人，另一些则窄小合拢。

来自意大利南部的希腊古城考罗尼亚的镶嵌画，公元前5世纪，莫纳斯泰拉切（卡拉布里亚），考古博物馆

这些神话都灌输给人类一个道理：大海令人生畏。即便在希腊人的历史、活动和文化中大海都处于中心地位，但希腊人仍然害怕海洋。比起其他民族，希腊人作为海滨民族更了解乘船进行海上航行的危险，尤其是远离海岸的航行。作为希腊文化的奠基性史诗作品之一，《奥德赛》中就有很多的例子。整首诗中充斥着海神波塞冬设下的风暴、海难、背叛、险阻、变形及各种各样的劫难，这一切皆因奥德修斯曾杀死海神的儿子——独眼巨人波吕斐摩斯，这对于波塞冬来说无疑是一种无法释怀的侮辱。历经十年险阻，故事的主人公最终回到伊萨卡岛，这一路上他面对的怪兽和灾祸比他在特洛伊战争中的对手更凶恶、更残忍。奥德修斯曾无数次遇到鲸，波塞冬的妻子"安菲特里忒曾饲养过成千上万只"（《奥德赛》，XII，73）。这些鲸中的绝大多数属于刻托家族，它们似怪兽一般，能够冲出波浪，摧毁整座城邦；其他的鲸则是它们的远亲。但所有鲸都身形巨大、暴虐无比、无法无天、令人生畏，它们杀人无数、嗜血成性，无论在海面上还是海浪之下，它们所到之处皆是恐怖。

珀尔修斯和安德洛墨达的故事后来被伪阿波罗多洛斯（《书库》，II，4）和奥维德（《变形记》，IV，663-764）转述，在这些故事里，刻托被描述得十分吓人。安德洛墨达是一位面容娇美的公主，是埃塞俄比亚国王克甫斯和自命不凡的王后卡西奥佩娅的女儿。一日，王后在众人面前宣称自己的女儿比海神波

《奥德赛》中的场景：奥德修斯到达巨食人族部落

在罗马的埃斯奎利诺山上，随着一座1世纪建成的罗马房屋的发掘，多幅描绘《奥德赛》场景的壁画进入大众视野。这些壁画描绘了一次海上远征的重重危险。在正厅墙的上缘立着很多护板构成了墙顶装饰，和在庞贝发掘的同时期的贵族府邸一样。这些带有壁画的护板于1848年在格拉齐奥萨路（如今的加富尔街）被发现，之后，被献给教皇庇护九世。教皇将其收藏在梵蒂冈图书馆中。

奥德修斯与巨食人族公主相遇。壁画残卷，1世纪下半叶。罗马，梵蒂冈图书馆

塞冬的女儿、海神的随从——海仙女——更加貌美。海仙女们勃然大怒，请求海神替她们报仇。海神波塞冬应她们的请求派鲸刻托摧毁埃塞俄比亚海滨及周边地区。它吞噬了当地所有居民和牲畜，掀起惊涛骇浪，任何一条船都休想靠近这个国家。国王克甫斯对此十分担忧，他乞求神谕，虔诚地询问平复海神怒气的方法，神谕揭示他厄运的根源皆因其女儿的美貌，若想终结厄运，只能献出自己的女儿。因此，安德洛墨达被捆在一块日夜被海浪拍打的岩石上以献给残忍的海怪。在此期间，宙斯的儿子珀尔修斯刚从与蛇发女妖戈耳工的战斗中凯旋。途经此地时，他被这个赤身裸体地拴在岩石上的女子的美貌震撼、吸引。于是，他纵身跨上飞马，冲入云霄，从空中俯冲下来正面与刻托交战并最终战胜了海怪。有些作者（如奥维德）说，珀尔修斯用剑杀死了海怪；另一些人则认为他是亮出了不久前刚刚亲手砍下的戈耳工美杜莎的脑袋最终让海怪石化，因为美杜莎拥有让一切与之对视的生物麻痹的能力。无论如何，珀尔修斯最终迎娶了安德洛墨达，他们生了六个儿子。阿特里得斯家族就是他们的后代。

宙斯和雅典娜后来用这个故事中许多角色的名字命名了各式各样的星座，目的在于警醒人类不要妄自吹嘘，永远不要妄图超越神。这些星座中最大的就是鲸座。鲸座处在天空南边，远离银河，与其他水象星座在一起。构成鲸座的星星亮度都不

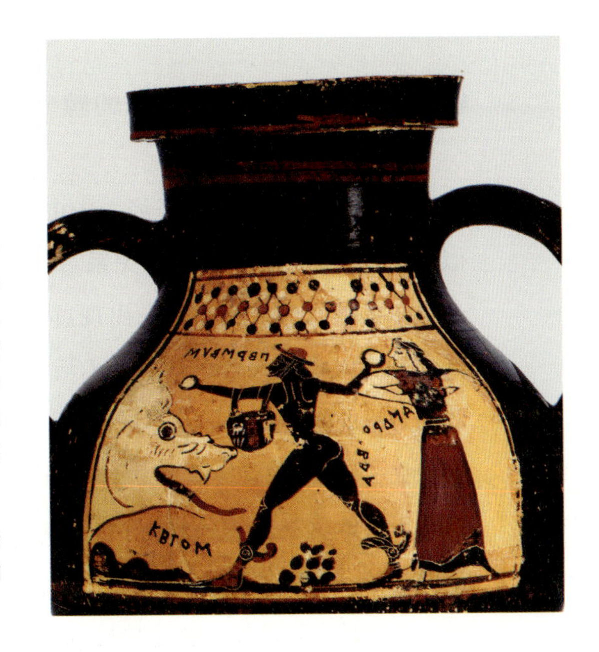

珀尔修斯拯救安德洛墨达

在这幅画上只能看到海怪刻托的嘴，这样的形象无论如何也无法和大海联系起来。珀尔修斯则呈现出一直以来他在希腊神话中的惯有形象：短披风、佩塔索斯帽、长着翅膀的靴子。比较反常的是图中的某些字母（希腊字母表中第18个字母Σ和第5个字母Ɛ）的写法以及珀尔修斯和安德洛墨达的名字从右往左的书写顺序。

带黑色图样的科林斯双耳尖底瓮，公元前约570～公元前550年。柏林，柏林旧博物馆，古代文物展馆

高，因此，夜晚，人类很难用肉眼观测到它。之后，珀尔修斯拯救安德洛墨达的故事又催生了很多神话，尤其是基督教诞生初期的圣乔治的传说。圣乔治也是在海边遇到一个海怪，在与之正面交锋后成功救出了一位公主，但这次的海怪不再是鲸，也不是什么海洋生物，而是一头龙。龙是非常常见的形象，它经常被描绘成多种动物的融合体，同时兼具狮身鹰首兽、蛇和鳄鱼的特征。

《圣经》中的利维坦和约拿的鲸

和希腊神话一样，《圣经》中也有海洋怪兽出现，这些怪兽似乎和鲸目动物有某些亲缘关系。《旧约》的许多章节中都提到过海洋怪兽，但在文中从未出现过对它们的明确称谓。唯一的例外是利维坦。利维坦是一种生活在海洋里的生物，它是所有邪恶力量的化身，是耶和华的敌人。《旧约》中曾多次提及，特别是在《诗篇》《以赛亚书》《约伯记》中。《约伯记》的作者将利维坦描绘为类似鳄鱼的生物，与鲸或其他鲸目动物并无太多相似之处。无论如何，它是一种海洋生物，体形巨大，所向披靡，它经常来到陆地，烧杀抢掠，所到之处尽是恐慌：

> 它打喷嚏就能发出光，它的眼睛就像晨光的眼皮，它的嘴里喷出火焰和跳动的火星。毒气从它的鼻孔中喷出，就像烧开的锅；它呼出的气可以点燃煤炭，它的嘴里喷射出火焰。一股无以名状的力量积蓄于它的脖颈，在它面前的都惊恐不已。它的大爪子有力地支撑着身体，让它变得无可撼动……它的心肠硬如磐石，它一起身，最勇敢的人也会胆寒，恐惧让面前的一切落荒而逃。它刀枪不入，它无坚不摧。它削铁如泥，碎青铜如朽木。没有弓箭能逼退

> 它，投石器掷出的巨石于它如茅草，狼牙棒于它如秸秆。面对火舌萧萧它投以鄙夷一笑。它的腹下皆是尖刺，像是在水底拖着一架滚耙。它所到之处，海水沸腾如锅炉……它没有主人，它被创造就是为了无所畏惧。（《约伯记》第41章，18—33）

由于与任何已知动物皆无相似之处，所以中世纪作品中的利维坦被塑造成了多种不同形象，其中最常见的形象符号为一张血盆巨口，象征着地狱的入口，仿佛要吞噬一切将要入地狱的灵魂。当代图像作品中，它的血盆大口变得罕见，这种怪物通常被塑造成海中的巨蛇、巨型章鱼、鲸或者长着鱼尾的龙，如后页的纹饰。

《旧约》中的《约拿书》中出现了另一种怪物，虽然很吓人，但残忍程度、恐怖程度明显不如利维坦。它先吞噬了先知约拿，后又将他吐出。这种动物没有明确的名称，在不同版本和译本中，它被用表示“鲸”或“大鱼”等的文字符号指代。相比于利维坦，这种怪物在基督教初期更受宗教圣师和画家的关注。之后，出现了大量有关它的注释和图像作品。在基于《圣经》传统生出的民间神话中，它也占据了重要地位。

因为鲸的出现，约拿成了《圣经》中最著名的人物之一，以至于许多《圣经》的注释者和神学家将他在鲸肚子里度过的

坐在利维坦身上的敌基督*

对于中世纪的基督教而言，利维坦是最令人毛骨悚然的海怪。它集所有邪恶于一身。各种各样的图画都将它塑造成长着翅膀或没有翅膀的龙的形象，一般它都有两个或四个利爪，以及一条蛇形尾巴。它令人生厌的躯体上布满鳞片，它的嘴可以喷火，口中长着两排牙齿，还有四颗引人注目的犬齿。只有“神之剑”及正义能让它毙命。

圣奥梅尔的兰伯特，《花之书》，圣奥梅尔，约1120年。根特，根特大学，MS92，L页（62反面）

---

*　又译作伪基督、假基督。

三天两夜比作耶稣在地狱中度过的三天两夜，认为他的经历是基督受难的先兆。但是《圣经》中明确描述了约拿如何活着从海洋巨怪的肚子中脱身，然而《信经》中说耶稣降地狱后“第三天从死者中复活”。有关约拿的传说在中世纪早期流传异常广泛，甚至《古兰经》中都多次提及。尤其在第21章中，先知约拿被称作“鲸之人”（*Dû al-Nûn*），鲸则被视作囹圄。

让我们再深入研究一下《圣经》。约拿的故事出现在《旧约》排序较为靠后的章节中，这个故事在讲述过程中其实略带幽默感。故事定形于约公元前400年，内容非常简短，从民间

被海怪吞掉的约拿

约拿的故事经常出现在早期基督教时期，尤其多见于地下墓穴的墙壁或一些葬礼雕塑上。在一些轻便的物件甚至珍贵的花瓶上都可以看到相关主题的画作，特别是盛放液体的容器上尤为常见。吞食先知的海怪经常被描绘成龙、鳄鱼或一条大鱼，从未被描绘成本书的主角——鲸。

金色玻璃制成的水瓶底部，罗马，4世纪初。巴黎，卢浮宫，希腊、伊特鲁里亚和罗马文物馆

传说和神话中借鉴了很多细节，旨在赋予先知无限的重要性。先知有时会讲述一些连自己都无法信服的真理。约拿的故事略显虎头蛇尾，从某种程度上说，读者读完后会觉得意犹未尽。约拿是以色列的先知，他的希伯来语名（Yônāh）既指鸽子也指不可靠的人，总是朝着不该踏足的方向前进。一天，神授意他去底格里斯河边的大城市尼尼微，那是一座和巴比伦一样腐化堕落的城市。神让他告诉尼尼微居民他们被诅咒了，并且将会因他们的罪孽而受到惩罚。但这个任务太过危险，约拿无意完成。为了逃避任务，他在雅法登上一艘开往他施的腓尼基人的船以逃离巴勒斯坦。他当然了解违背神意的结果，但他仍期待耶和华的威力能止步于以色列，也许在海上他就能躲过神怒。然而，他错了。当他在船舱最深处熟睡时，风暴四起。所有船员都开始向自己信奉的神祷告，他们惊异地发现约拿并没有做出任何祈祷，他们迅速意识到他就是将神的怒火引向这艘船的罪魁祸首。此时，约拿忏悔了自己的所作所为，他讲述了自己如何违背神意。为平复激荡的天空、狂风和巨浪，约拿要求船员将自己扔进海里以作为赎罪的祭献。水手们犹豫不决，但风暴丝毫没有平息的意思。因此，他们照着先知要求的，将他扔进翻涌的波涛。

然而，在被扔下船后，约拿没有沉入海底，而是掉进了一头鲸或一条大鱼的嘴里。虽然被吓得不轻，但侥幸得以活命，他在这个动物的肚子里待了三天两夜，对自己未来的命运惶恐不安。他不停地祈祷，承认自己的巨大错误，求神不要抛弃他。他发誓，若能让他活着从这个怪兽的肚子里出去，他愿为神奉上祭品，做神心怀感恩的奴仆，永不违背神的意愿。上帝怜悯约拿，因而命令怪兽将肚中的猎物放到叙利亚海岸。从那里开始，约拿马不停蹄地朝尼尼微前进，去完成自己的任务。到达目的地后，他立即宣布这座城市将被摧毁，它的十二万居民将受到前无古人后无来者的惩罚。他的话收到了意想不到的效果。尼尼微人都懊悔不已，尼尼微国王除去自己的盛装，披上破口袋躺在灰烬中，并命令所有人和动物都要斋戒。神的怒气消了，他原谅了尼尼微，不再毁灭它。

约拿无法理解上天对尼尼微的宽恕，他的内心受到刺伤，同时也怕别人认为自己是假先知。固执的他离开了尼尼微，在东方支起帐篷。骄阳似火，先知约拿头痛欲裂。上帝再一次怜悯了他：一夜之间，神让这片土地长满蓖麻，为约拿带来凉爽。但约拿继续因神的决定而怄气。最终，上帝决定惩罚他：让一种害虫蚕食蓖麻，约拿在帐篷里被阳光烤得生不如死。他再一次对自己的行为懊悔不已。

很早以前，传说中曾将吞掉约拿，让他在肚中困了三天两夜的怪兽塑造成形似鲸的巨型海洋动物。鲸在当时并不为大众所熟知，即便有人听说过，也会知道这是一种令人闻风丧胆的

约拿——神的旨意的传递者

在基督教发展的早期，对于许多《圣经》评注家来说，约拿被怪兽吞食并在三天两夜后重生象征着耶稣复活。这也是上图经常出现在地下墓穴的墙壁和基督教早期墓地的原因。之后，这幅画面出现的地点变得更加隐秘。在古罗马时期，在意大利，这幅画面经常出现在大教堂祭坛前的大理石或石头讲台上。因为先知约拿作为神的旨意的传递者，从那时起被认为是传教士的祖先。

拉韦洛（坎帕尼亚），大教堂，祭坛高讲台顶部。镶嵌画，约1100～1110年

吞噬约拿的鱼形怪物

海洋中生活着很多骇人的生物，比如这只长着三个头的鱼，它急切地想吞掉被水手扔到海里的约拿。图中对动物的描绘非常写实，但这幅画似乎是将三条鱼合并为一条。最小的那条鱼似乎被稍大一些的吞掉了一半，最大的那条又把中间这条吞掉了一半。旁边的海豚疑惑地盯着这个鱼形怪物，它和普林尼与奥比昂描写的鱼形怪物有些许相似。画面左上方是三个长着翅膀的人鱼，它们为了吸引水手而吹奏乐器。

胡克霍克老犹太教堂（以色列）地面镶嵌画片段，5世纪初

动物。在《圣经》时代，许多作者都知道鲸体形巨大，生活在深海，面相丑恶，会喷射能够穿透海面风浪的水柱。但几乎所有作者都对它的全貌知之甚少。这也是为什么直到很久以后，约拿的鲸在图像作品中仍时而被描绘成一条长着尾、鳞、鳍的大鱼，时而被描绘成鳄鱼，时而被描绘成海中的巨龙，时而又形似河马（比鲸更不为人所知的动物）。这些图像数量繁多，因为很快《圣经》评判开始建立，人们将约拿的故事与耶稣的故事进行比较。耶稣在十字架上殒命，坠入地狱，第三日重生。此外，《马太福音》中也已经出现了类似的诠释。因此在图像作品中，先知约拿违背了上帝的意愿并非重点，他迅速被怪兽的巨嘴（类似地狱）吞噬，并在三天后全须全尾地从怪兽肚子里出来才是核心。出于同样的原因，中世纪的画家笔下的重点也并非约拿，而是鲸。约拿经常被他们塑造成赤裸身体、秃头的样子，和一副随时准备好投奔上帝的自然状态；鲸则被塑造成怪兽的形象，像撒旦，像利维坦。

某些现代学者已经意识到须鲸其实无法吃人，它的嘴和胃不具备吃人的相关条件。吞食又吐出先知约拿的可能是另一种鲸类动物。不论是在文献学领域还是动物学领域，这都是极具争议的问题。有人说吞食约拿的是抹香鲸，有人说是逆戟鲸，甚至有人认为是某种体形巨大的鲨鱼或者某种如今已经消失的动物。其实关于此话题的争论并无意义：约拿的故事从本质上说是个神话，

被海怪吐出的约拿

在法国奥弗涅莫扎克修道院的罗马式柱头上，杰出的雕刻家在此呈现出先知约拿海上航行的两个关键时刻：一是，约拿被抛入海中并被海怪吞噬；二是，按照上帝的命令，约拿被海怪吐出最终得救。上图呈现的是后者。中世纪，没有任何图画或艺术作品描绘出先知在鲸抑或龙、鳄鱼、鱼或其他海洋生物肚子里的情景。

莫扎克修道院（多姆山省），南侧殿柱头，约1110～1120年海洋巨兽归根结底是一种暗喻。尝试破解这个怪兽的真实身份可能偏离了《圣经》的初衷。《圣经》中的任何篇章都不应只从字面理解，也不应基于当下人类的认知水平进行实证主义的解读，更不应基于人类昨天或明天的认知水平去解读。既然传统认为是鲸吞食了约拿，那不如让传统就这样传承下去吧。

有关鲸目动物的动物学认知

《圣经》遵循的动物学不是当代人类认知中的动物学，也不是古希腊语和拉丁语作家认知中的动物学。与你我的固有印象相反，古希腊语和拉丁语作家中的许多人对鲸目动物都有相当的了解，比如亚里士多德。他在三部动物学著作中反复提到鲸目动物：《动物志》《论动物的部分》和《动物史》。这三部传世之作创作于公元前343～公元前322年。亚里士多德并未将过多的篇幅留给鲸（他更侧重于海豚），但他从未将鲸归入鱼类。他发现鲸与鱼不同，它没有鳃但是有鼻孔，且鲸的鼻孔通过一条“管子”和肺部相连；他还发现鲸有乳房，可以分泌乳汁，哺育幼崽；最后，他写道，鲸非卵生而是胎生，幼崽直接从母体内来到世间。因此，从解剖学和生理学的角度说，鲸不是鱼，而是一种类似胎生陆地四足动物的水生动物，甚至可以说鲸是某些功能类似人类的水生动物。亚里士多德明确指出，他为鲸下的结论也适用于海豚、鼠海豚、锯鳐和一种“叫声像牛的海洋生物”（也许是海豹或海象）。

亚里士多德没有引用任何有关这些鲸目动物的神话传说或迷信习俗。但在他之后，许多拉丁语作家写道，鲸和海豹很臭，水手们会在桅杆顶端挂一小块鲸或海豹的皮，他们认为这样做可以驱赶雷电风暴。某些作者（如阿里斯塔尔库斯）补充道，在船上，鲸是不许被提及的字眼，因为水手们害怕它会听到人们的谈论，然后勃然大怒，掀翻船只，让船上的所有人坠入海中。这种迷信的说法曾经流传许久。

和亚里士多德一样，普林尼也没有为鲸留下太多文字，他将更多的笔墨献给了海豚。普林尼也认为，鲸并非巨大的鱼类，而是一种特别的动物。它生活在海中，但没有鳃，也不产卵；它通过鼻孔和肺呼吸，直接生产幼崽并且用乳汁哺育后代。普林尼借鉴了前辈亚里士多德对鲸的许多认识，他甚至特意标明了出处。这并不符合他的习惯，毕竟在其鸿篇巨制《博物志》中有关动物学的分卷里，他引用了不少亚里士多德的研究成果，但从未加过标注。

《博物志》完成于公元76或77年，这本书被近乎完整地保存下来，实在令人震惊。正因为此，这部作品成为从中世纪到17世纪最常被引用的古代经典，同时也使这部作品成为西方文

人类的朋友——海豚

在古希腊罗马艺术作品中，骑着海豚的孩子的形象并不罕见。在这枚塔兰托硬币上，一个小伙子全身赤裸，手握一条象征海洋中的危险的章鱼。这名男子要么是波塞冬的儿子塔拉斯，要么是位于意大利南部的塔兰托的缔造者法兰托斯。这两个人都曾在年轻时被海豚搭救性命，最终免于命丧大海。

在塔兰托铸造的银制德拉克马，背面，公元前3世纪。巴黎，法国国家图书馆，章牌陈列馆，吕伊纳收藏精选，第265号

化的奠基性作品之一。《博物志》并非传统意义上的博物史书籍，而是一部百科全书。作者在书中汇集了所有当时的科学和技术知识。普林尼表示为了创作这部作品，他参阅了超过两千部著作，从将近五百位不同作者处借鉴学识与认知。书中涉及许多史上从未提及的事件，作者描绘了很多奇事异景。与大众的评判不同，普林尼绝对不缺乏批判精神。恰恰相反，他是一位彻头彻尾的怀疑论者，他经常提出疑问，总是与他传递给读者的信息保持一定的距离。他说明、描绘、讲述、传播，但从

不表态赞同，反而经常生出质疑。世人总是批判他天真盲从，这大错特错。此外，普林尼创作这本书的目的和亚里士多德不同，和更古老的古希腊罗马百科全书创作者也不同。他希望在这部作品中汇集一个有教养的罗马人应该知道的关于那个时代的一切。作者的另一个目的是为罗马的荣光贡献自己的力量。

这是他如此看重奇观、壮举、奇人、异事的原因，也是他为何如此看重与众不同的体量、超乎寻常的数量的原因。《博物志》有时更像是一本"世界纪录大全"，书中尽是前所未见的长度、高度、体积、重量、时长、数量、尺寸甚至金钱总额，因此普林尼的这部巨著在当时是独一无二的。关于鲸的内容也是，他指出人们可以在印度周围的海（印度洋）中遇到超大型动物，若将它的身体平铺，面积可达"超过4犹拉格亩*"，用当代面积单位计算即超过1公顷。真若如此，鲸得长到100米长，100米宽！普林尼自己信不信自己写的数字呢？他对此肯定是不确定的。但在后文中他还是写道，在同一片海洋中还存在"四肘长的龙虾"（约1.8米）；在印度恒河水域中有"30法尺长的鳗鱼"（超过8.5米）。

《博物志》第四卷的主要内容是鱼类（涉及74种）和水生动物。普林尼写道，在"高卢人的海洋"（即大西洋）中有种

---

* 古罗马面积单位，1犹拉格亩约为2520平方米。

比长须鲸还大的动物——抹香鲸（*physiter*）。有时，这个体形硕大、笨重的动物会像柱子一样垂直立在海面上，远远高过船帆，有时还会喷射出令人震惊的大股水流射向旁边的船只。普林尼又用了一个故事极言抹香鲸之大。在加的斯附近的海域，海水曾将一具抹香鲸尸体冲上岸。这条抹香鲸光是尾巴的宽度就高达16肘（接近7米），嘴里长着120颗牙，最长的牙有9法寸（2.65米）。这种巨型动物的超常体量让普林尼将它和准备吞掉可怜的安德洛墨达的水中巨怪联系在一起。

根据普林尼的观点，长须鲸只有一种天敌——逆戟鲸。后者是一种令人生畏的生物，普林尼甚至不愿进行更多细节的描述，为了让读者能更好地感受到它的可怕，他写道："我不知道该如何描述这种动物，只能说它是一个巨大的、长着利齿的庞然大物。"逆戟鲸是长须鲸最残忍的天敌，因为它长着锋利的尖牙，长须鲸却一颗牙都没有。长须鲸即将产仔时，会寻找一个僻静的、水温较高的海湾，逆戟鲸深知这一习性，它会窥伺长须鲸行踪：

> 逆戟鲸会突然冲入僻静的海域，凶残地撕咬（长须鲸）幼崽和母鲸，不论是刚刚生产的还是仍怀有身孕的雌性长须鲸它们都不会放过。它们的利牙可以咬穿长须鲸的身体，就像又快又吓人的利布尔尼亚快船的船首冲角一样。长须

鲸身形笨重，再加上马上要来或刚刚结束的分娩带来的痛苦，根本无法躲过逆戟鲸的袭击，它们只能朝外海游，让广阔的海洋将自己与敌人隔绝。但逆戟鲸仍有办法，它们会阻截长须鲸的退路，将它们逼入狭窄的海域，迫使其撞上岸边的岩石或干脆沉没在深海中。类似的激战好似大海在发怒，因为即便海湾中无一丝一毫的风，被鲸的呼吸和争斗激起的浪花远远高过真正的风暴卷起的巨浪。(《博物志》第九卷，第五章，1—2)

这是普林尼为读者描述的逆戟鲸将长须鲸置于死地的场面，生动又残忍。作者对受害者的怜悯和对刽子手的憎恨清晰可见。此外，他还在后文中将逆戟鲸称作“怪物”(*monstrum*)，他在整部著作中仅将长须鲸定义为一种“巨大的动物”(*bellua vastissima*)。

在《博物志》的另一卷，普林尼写道，人们可以从这些巨型海洋生物身上提取各种产品，借此，他提到了用鲸骨削凿而成的各种工具和器械。他并没有杜撰：在西班牙南部海岸和直布罗陀海峡两岸已经出土了很多用鲸须和鲸骨做的物品，考古界将其断代为公元前1世纪到1世纪。可以据此断定在那个时期人们已经开始捕鲸了吗？鲸一定是被人类杀死而不是像旧石器时代自己搁浅的吗？很难肯定地回答这些问题。后文中我将引用的奥比昂的文章，那些文字确实可以证明帝国时代的罗马人已经熟练掌握捕鲸的技巧。针对直布罗陀海峡发现的文物分析证实，制作这些物品所用的鲸骨源自灰鲸和露脊鲸。正如普林尼所说，在繁殖季，鲸会离开北大西洋的寒冷海域前往更加平静、更加温暖的海域。从这一点上看，《博物志》也是非常值得信赖的资料。

普林尼去世（79）后的几十年里，又出现了许多希腊语和拉丁语写就的关于鱼类和海洋动物的著作，然而不幸的是，所有著作都未能保存下来。人们只能从一首名为《捕鱼术》的诗歌中窥见一丝痕迹，诗歌为科里库斯的奥本所作，我们对其几乎一无所知。只能看出诗人用希腊语写作，他很熟悉亚里士多德的作品（也许是间接了解），也许曾于2世纪中后期在罗马生活。他英年早逝，也许死于马尔库斯·奥列里乌斯统治末期某次肆虐全国的大瘟疫。他去世时已经小有名气。他的长诗（共3506句）无论在鱼（共描述122种）、软体动物和甲壳类动物的种类上，还是在垂钓、捕猎的方式技巧上都颇有建树。

奥本在诗中将大篇幅的诗句贡献给了海豚，毫不吝啬对它的赞美。诗人夸赞它的美貌和速度，将它称为“鱼中之王”，甚至强调“众神禁止捕猎海豚”。相比之下，奥本对鲸的描写则简洁得多。此外，他也没有将长须鲸与其他鲸目动物区分。无论是长须鲸、抹香鲸、逆戟鲸、鳁鲸他都使用同一个称谓命

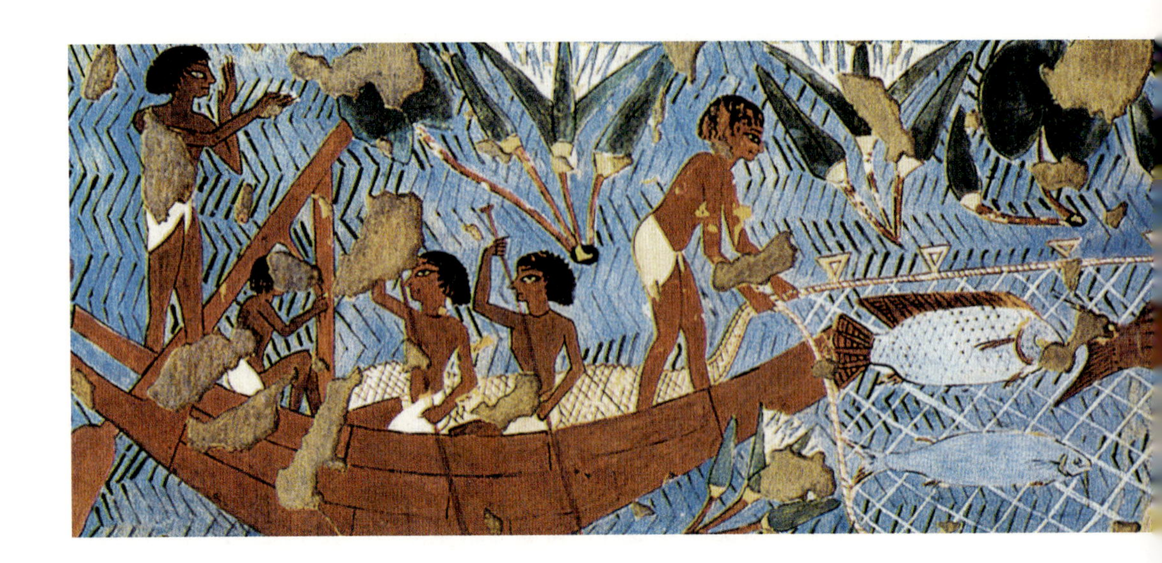

在尼罗河中钓鱼

伊普伊是拉美西斯二世时期的工匠和雕刻家。伊普伊墓是代尔麦地那工匠村（底比斯地区）中最罕见的一座，因为墓中的小教堂几乎被完整地保存下来。其中的绘画作品呈现了日常生活中的多个场景，如在鱼类资源丰富的尼罗河中钓鱼。人们钓鱼的方式多种多样：如图中展现的用大网捕鱼，用捕鱼篓、捞网或鱼线捕鱼等。这是一项非常危险的活动，因为用埃及无花果木板和纸莎草制成的独木舟根本无法抵御鳄鱼或河马的袭击。

代尔麦地那工匠村，埃及，伊普伊墓，墓中小教堂，东墙，约公元前1260～公元前1240年

名——*kêtos*。他写道，这是一种体形巨大的动物，行动笨重缓慢，凶残、贪吃。因为它的胃实在太大，所以经常感到饥饿，任何猎物都无法让它拥有饱腹感。这也是为什么同类相见时会激烈争斗，相互残杀。它们之间的斗争能激起惊涛骇浪，让经常去西部海域（即大西洋）的水手惊愕不已。但是这些海中巨怪有一个缺点：视力欠佳。因此，在海中行动时，鲸需要一个向导，它们非常信任这位向导，它是一条小鱼，总是游在鲸群的前面，无处不在：

这些水中巨兽身形笨重，不适于快速游水。它们的视

> 力不好，看不清远处的东西；因为身形过于庞大阻碍了它们的行动，因此它们很少浮上水面；它们在海底缓慢笨拙地前进。因此，它们一旦想远行，就需要一条身形小巧、身长尾细的鱼领航。领航的鱼游在鲸群前方，与它们拉开一点距离，为它们在海中引路。因此，这种小鱼被称作“伴游鱼”。对于鲸来说它们是亲密而珍贵的伴侣，是守护者，是侦察兵，毫不费力地引领它们去往目的地。鲸对忠诚的伴游鱼也回报以忠诚，它们近乎盲目地追随着它，且只追随它。伴游鱼永远不会离开鲸，它的鱼尾就在这海中巨怪的视线范围内摆动，时刻为它们通风报信：猎物靠近、出现障碍、躲避浅滩等。伴游鱼的鱼尾就像警告音一样为鲸提供信息，鲸也依着它的意思行事。这种小鱼是鲸的旌旗、耳朵、眼睛。鲸借助它变得耳聪目明，小鱼也毫不吝啬对鲸的守卫，甚至可以为它献出生命。(《捕鱼术》, V, 2)

在后文中，奥本细致地还原了一场捕鱼场景。他解释了捕鱼者是如何先杀死伴游鱼，后袭击丧失了向导的海中巨兽。捕鱼者将鲸逼入狭窄、多岩石的水域，迫使它受伤，之后用诱饵将其引至近身，随后用鱼叉攻击它。鲸被这样的操作搞得伤痕累累、筋疲力尽，捕鲸者可以用链条、绳索和钩子将鲸拖到船边，最后用三叉戟和长矛给其致命一击。奥本对这种鲸的嘴部描写让我们推测这应该是一头抹香鲸而非长须鲸。谨慎起见，最好用“鲸目动物”来翻译诗中的希腊语词*kêtos*。

> 当它们离得足够近时，水手会从船首处放下一个挂着鲜肉的钓鱼钩。一见到诱饵，这头鲸目动物虽然已经遍体鳞伤，依旧会被无法抑制的贪欲支配。它冲向猎物，张开大嘴要吞掉它。然而，与此同时，它也会将弯曲的铁钩一并吞入，铁钩因此会死死勾住它的肉。巨兽被激怒，它在海中疯狂转圈以期挣脱铁链。都是徒劳！最终，伴着巨大的疼痛感，这个庞然大物会冲向海底深渊。捕鱼者此时会向它抛出整根软绳，因为他们的力气不足以征服如此庞大的生物。怒火冲天的鲸会将他们连人带船一起拖入巨浪的！……这头鲸目动物饱受煎熬，它在水下吐出一口气，气团冲破海浪，好像在海中蹚出一条路。与此同时，一团黑色的浮沫漂至水面。当水手们看到巨兽力气衰弱，被如此激烈的争斗消磨得筋疲力尽，在痛苦中晕头转向之时，他们欢欣鼓舞，慢慢将这头被伤口折磨得生不如死的巨型生物拉向自己。此时，这头鲸目动物已经无力反抗，只能任人宰割。(《捕鱼术》，V，3-6）

这段引文中删去了很多有关捕鱼工具和动物伤口的细节，

但足以让我们了解到古罗马人已经掌握海洋动物的捕猎术，且如果他们没有在地中海中运用这些技术的话，至少在伊比利亚半岛周边的大西洋沿海区域践行过。

鲸的“反义词”——海豚

在所有鲸目动物中，最有名、最能引起古罗马希腊作者兴趣、好奇和好感的当数海豚。在他们看来，海豚只有优点。在描写海豚和它们的经历时，这些作者会用一连串表示颂扬的形容词。海豚不仅美丽、灵活、迅捷、聪明，还快活、天真、善良、乐于助人。斐罗斯特拉图称它为“天生的善人”。斐罗斯特拉图为3世纪上半叶用希腊语写作的古罗马作家，他擅长将人类与动物进行对比。此外，海豚爱护子女，不攻击同类，有强大的记忆力，喜欢音乐，会表达感谢。它是大型海洋生物中唯一不会生气，也不会引得生性爱嫉妒、爱记仇的残暴海神波塞冬生气的种群。海豚的另一个特别之处在于它被认为会主动陪伴人类，能和某些人——特别是孩子——产生深厚的友情。《阿提卡之夜》（写于公元160年左右）是一部非常有名的逸闻趣事集，作者革利乌斯。在这部作品中，作者讲述了年轻的海辛瑟斯的故事。其实普林尼在革利乌斯之前就曾提到过这个人物，后被人美化润色，直到现代文明来临前最终成形：

> 我将要誊写一段由博学的阿皮翁（1世纪，语法学家）写就的段落，它描绘了一头海豚爱上了一个名为海辛瑟斯的男孩的故事。男孩与海豚相识已久，经常在它的陪伴下玩耍，他会骑上它的背，海豚就这样驮着他乘风破浪……海豚听到男孩的声音会立刻游到岸边，让他骑上自己的背，它甚至会小心地收起鳍上的尖刺以免划伤男孩。它驮着他一直游到距离岸边两百古米（约40公里）的地方。人们从罗马和整个意大利赶来，就为看一看这条被爱驱使的海豚……被海豚温柔地爱着的男孩突患重疾，很快病逝。海豚无数次返回平时男孩等它的地方，但都不见男孩的身影，海豚为不能再跟随在男孩左右悲伤不已。后来，熟知这个故事的人在岸边发现了海豚的尸体，他们将它和男孩合葬在一起。(《阿提卡之夜》，VI，8）

在讲述和海豚相关的内容时，并非所有作者都会提到如此动人的故事，但几乎所有作家都提到过海豚喜欢在靠近船的位置跳跃、玩耍。在浓雾笼罩或风暴袭来时，水手们会跟随海豚的身影航行，如此能帮助他们逐渐靠近海岸。因此，在很多神话故事中，海豚都扮演着遇险船只的救援者的角色，它们时而为迷航的船只引领正确的方向，时而将遇难船只上的落水船员带到陆地上。若实在无法救助，海豚也会将遇难者尸体拖回岸边，让他们得以安葬，不用永远飘零在无际的海上。海豚可谓一种内心充满悲悯和虔诚的动物。

从各个角度看，海豚似乎都是鲸的“反义词”：它不会嚎叫怒吼，不会兴风作浪，也不会引发灾祸；它性情平和温厚，不会残害后代也不会吞食体形不如它的小鱼；它不会假装成陆地，然后吞掉在它身上停歇的沉船遇险者。总之，它与其他海中怪兽不同，“心中没有诡计与暴行”，海豚的心中充满“善良和好奇”（埃利安）。

神话传说还将海豚塑造成度亡灵去“福地”的动物，在“福地”中亡灵可获得新生。这也是为什么海豚经常出现在古罗马人或古希腊人的丧葬雕塑上。它还是很多神明的代表，比如海神波塞冬（最好不要激怒他）。另外，少年时的狄俄尼索斯为了自救曾将可怕的海盗变成海豚。阿芙洛狄忒从海中的泡沫里诞生，之后立刻被一只海豚抚养。阿波罗的代表动物之一也是海豚，当然，他从不缺动物的陪伴和颂扬，狼、乌鸦、公鸡、天鹅，甚至老鼠和蛇都是他的代表性动物。

德尔斐是阿波罗杀死守城者后确立神谕的地方，也是阿波罗主要神庙的所在地，海豚则代表着阿波罗与德尔斐的联系。在德尔斐，神的旨意通过女预言家皮提娅传达给人类，根据古代传统，女预言家应由年轻的处女充当，她坐在祭礼用的三脚架上，三脚架立在产生神谕的隐蔽沟壑中。她会回答民众的所有问题，但答案通常晦涩难懂（因为神不想让人知道得太多），因此需要祭司翻译。对神谕的咨询起初为每年一次，即在阿波罗节进行，之后改为每个月的第七天进行，因为人们认为在那一天，阿波罗会降临在德尔斐。德尔斐坐落于巴那斯山脚下，这个地名（*Delphoi*）从词源学的角度上讲和“海豚”（*delphis*）一词同源。荷马曾讲述过一个古老传说，传说中描述了阿波罗化身海豚走遍希腊，找到要建立自己第一座神庙的地方的全过程。之后，阿波罗将克里特岛的水手吸引至此地，并让他们负责建立对自己的崇拜。

还有很多神话与海豚相关。其中最有名的是米西姆纳的阿里翁的传说。阿里翁是生活在科林斯的诗人和歌手，他曾到西西里参加一个诗歌比赛，最终获得第一名，并赢得大笔奖金。但在返程时，水手想杀死他，夺走他的财产。被杀前，他请求水手们让他再伴着自己的齐特拉琴唱最后一支歌。水手们同意了他的请求。他的歌声引来一大群海豚，环绕在船边。水手们被眼前的场景吓坏了，阿里翁借此机会跳入水中，骑上一只海豚，毫发无伤地抵达岸边。不幸的是，救他的海豚因筋疲力尽而亡。当阿里翁返回科林斯后，他开始讲述自己的经历，但无人相信。他被当作疯子，甚至因此入狱。幸运的是，贪婪的水

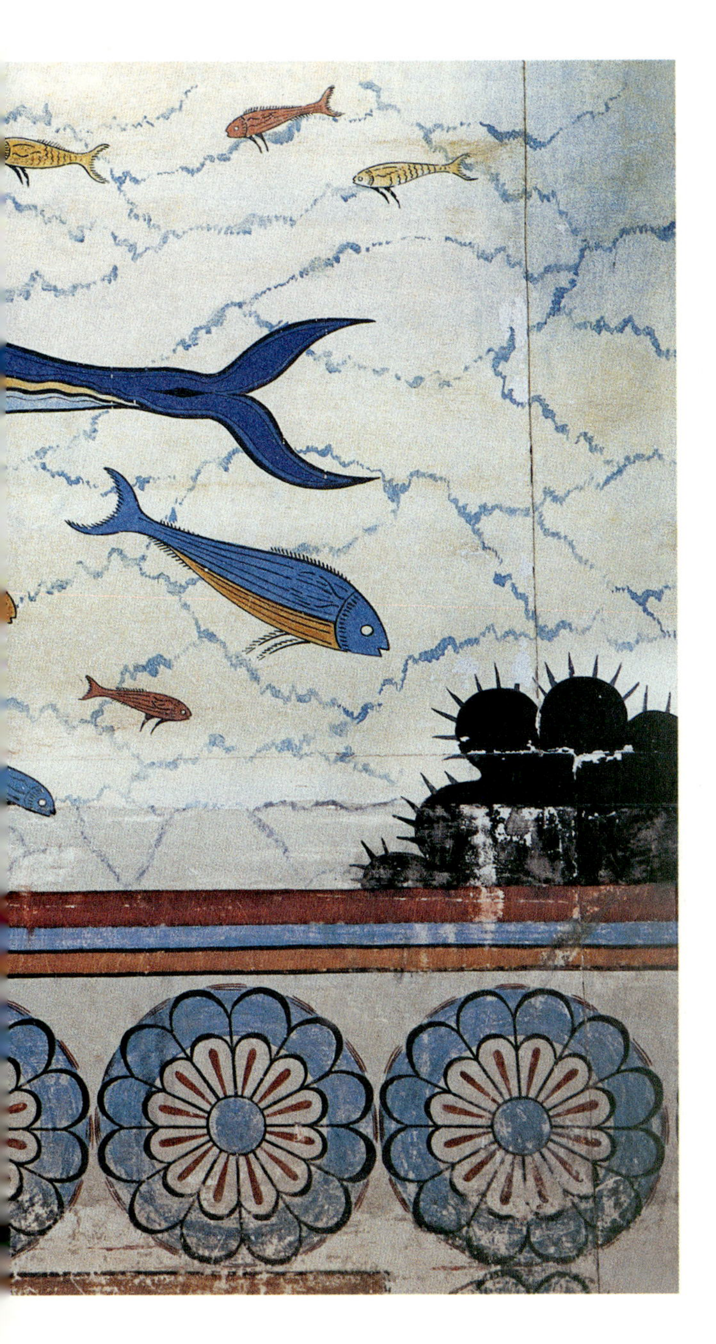

克诺索斯王宫：海豚壁画

克诺索斯距离今日克里特岛的伊拉克利翁不远，是米诺斯文明的心脏，也是传奇国王米诺斯的王宫所在地。富丽堂皇的宫殿被各种壁画装饰，如今壁画都已残破不堪。最负盛名的一幅壁画基于原址的残片被修复，色彩也被翻新。这幅画应该位于浴室或王后的正殿。画上描绘了漫游在其他海洋动物中的海豚。

海豚壁画（细节），约公元前1550～公元前1450年，伊拉克利翁（克里特），考古博物馆

手最终被揭穿面目，他们承认了自己的罪行，并为阿里翁作证，证明他讲述的故事都是真的。最终，诗人重获自由，也重新拿回了自己的财产。为了感谢上天和海豚的救助，他在他平安上岸的地方立起一座人骑着海豚的铜像。2世纪，地理学家、旅行家帕萨尼亚斯创作了一部集地理、历史、考古、神话于一体的包罗万象的著作《希腊志》。作者称在伯罗奔尼撒半岛最南端的泰纳龙角看到了这尊雕塑（《希腊志》，III，25，7）。直到此时，任何一种鲸目动物都未曾获得如此殊荣，更不要说长须鲸了，因为它被认为是可怕的、奸诈的、邪恶的、要人命的。

帕萨尼亚斯讲述了另一个故事，也展现了海豚的善良和知恩图报——科埃拉诺斯的故事。来自帕罗斯岛的科埃拉诺斯是一个富有的老头。一日，一群水手的渔网中捕到了好多海豚，他们因此而非常骄傲。殊不知，厄运正等着他们。科埃拉诺斯看到了这一幕，出于同情心，他花大价钱买下海豚，并将它们放归大海。若干年后，他乘船出海，不幸遭遇恶劣的风暴，船上的所有人都被卷入海底。除了科埃拉诺斯，所有人都遇难了。因为海豚认出了曾经对它们生出悲悯之心的老人，将他从海里救出来，安置在岸边。后来，科埃拉诺斯寿终辞世，送葬的队伍路过他得救的海岸，成群的海豚靠近岸边，停止游泳，向它们驾鹤西去的朋友敬上最后一礼（《希腊志》，I，43，5）。

早期的基督教圣像曾描绘过上文提到的故事，并将海豚作为耶稣的代表。如耶稣一样，海豚也是宽厚、善良、与人为善、心存仁慈和大爱的。如耶稣一样，海豚也可以改变外貌，“变成人形”，最终走向救赎。之后，圣徒传记中也有海豚出现。这些文章中经常出现的情节是：某位圣人因信仰受难后被施虐者扔入海中，后被一只或一群海豚救起，安全送到岸边。在基督教动物寓言集中，海豚完成了多次奇迹，鲸虽然曾被一部写于11世纪的拉丁语动物寓言集描述为“充满奇迹”的生物，却从未有过类似作为。鲸身上确实充满奇迹，只不过皆是狠辣的奇迹。

2 鲸：魔鬼的化身

La baleine, c'est le Diable

◂ **鲸的颜色**

在12、13世纪的小尺寸画作及近代彩绘玻璃中，任何动物都没有专属的特定颜色。然而，在这些作品中，鲸似乎更常被描绘成两种颜色：绿色和灰色。绿色也常用来为另外两种可怕的生物龙或鳄鱼着色；灰色则更接近鲸的真实肤色。有时，当海水本身被画成绿色时，插画师会给鲸的绿色皮肤加上一些蓝调，以使其与水区分开来。

拉丁语动物寓言集，英格兰，约1240～1250年。大英图书馆，MS Harley 3244，第60页背面

在中世纪，对人类来说，大海令人生畏的程度远远大于它的迷人程度。不论在北海、拉芒什海峡（英吉利海峡）还是大西洋，没有任何城市或村落直接建在岸边，这足以证实上述论断。那时，所有人都选择在远离洋流和海浪的地方安家，甚至会刻意让居住地背对大海。港口会建在三角湾内，人们也很少去海滩：大家认为那里不吉利；太多的悲剧结尾的神话故事发生在海边；同时，那里是异教徒的宗教仪式举办地。当时的人们认为所有海岸都是如此，尤其是海岸线形状特殊或岸边有罕见自然元素的更是如此。

中世纪人类对海洋的恐惧由多种原因造成，其中最重要的在于海浪不停地咆哮和移动。由此，让人觉得大海是某种有生命的、可怕的生物，似乎和撒旦有什么阴谋，以便能更好地恐吓人类和动物，让他们无法接近陆地，逼他们坠入海底。

对海洋的恐惧

海洋中的事故非常多见。很少有水手或游客会游泳，许多海上航行和朝圣最终以悲剧收场。对于中世纪基督教文化而言，溺水而亡是一种可怕的、神秘的终结生命的方式：葬身大海不仅没办法进行临终圣事，甚至经常连一场像样的葬礼都没有，因为死者的尸体会被大海如地府般的黑暗与深邃吞没。因此，溺水身亡就像一场残酷的惩罚，只有犯了滔天罪行的人才会成为惩罚的对象，他们不用经历炼狱，会直接被带到地狱门口。因此，直到18世纪，在绝大多数欧洲的海边，人们遇到溺水的人会犹豫是否去施救。一个根深蒂固的迷信说法是：施救的人也会因救助行为而遭遇厄运，最终殒命。

在人类历史上很长一段时间内，登船远航不会激起任何幸福感或好奇心，相反，会让人感到恐惧。人们认为出海远洋是件可怜甚至可耻的事。海上航行的结局通常是命丧大海。人们认为只有疯子或被诅咒的人才会投身于这样的冒险。圣路易的传记作家让·德·茹安维尔曾在1248年十字军东征期间陪同路易九世穿越地中海，和其他贵族一样，他也被这样的经历吓坏了，他明确地宣布：

> 冒险航海的人实在是大胆，他们冒着极大的危险，犯着致死的大罪，因为他们今夜睡下时并不知道明天一早是否会葬身海底。（《圣路易传》，第126章）

在海中溺亡是肮脏的、被鄙视的、被恶魔诅咒的死法。所有出现过沉船事故的地点也都被认为是恶魔经常出没的地方，飘零的鬼魂经常在暗夜里或风暴中咆哮，好像在哭诉基督徒的

Astant pontifices, abbates, necne priores. Cui per quirentes res ecclesie spoliatas

Tercio facit faciens rex somno, archiepiscoporum, episcoporum, abbatum, decanorum sive priorum aspectat personas, cum baculis pastoralibus astare. Intellectu perspicaci conceperat animum illorum magna diffidisse affectu.

ac velut ob direptionem rerum [illegible] sue manentem regie [illegible] respectum. At personas considerans, terrificum habitum illi, et quasi ductorem oculos ab eis [illegible] plurima. Baculorum cuspidibus eum appetere velle visi sunt. Hec tanta undonitudo[illegible] quidam in regie aule angulo latens sub nocturno tempore omnia regit silentio. Erat itaque iste medicine artis peritus Grimbaldus nomine, qui apud Wincelcumbe me presente et audiente narravit hec omnia domino Godefrido eiusdem ecclesie abbati. Summo diluculo regi ad hunc lecto [illegible] venit [illegible] questione de his que audiat [illegible] eo [illegible] cui rex cuncta que in somnis perviderat enarravit, que ille ut vir illustris prudentie [illegible] de medio [illegible] conjectura exposuit [illegible] consilio [illegible] elemosinis peccata redimere commonuit.

Quo voto facto [illegible] magna Anglia veniens congaudentibus [illegible] Hoc ita [illegible]

Sic pavet rex in somnis propter tres leges. Si rex [illegible] dampnatur ab ore [illegible]

MCXXXI. Anni [illegible] decemnovenalis iiii. xvi. Cycli solaris iiii. xxiiii. Bissextilis VI. annus. I. Romanorum im- MCXXXI

peratoris Lotharii et Anglorum regis Henrici tempore, quidam comes erat in partibus Alamannie, cui nomen Hermannus, potens et dives, habitans in oppido Lonburch nomine, habens filiam vocabulo Odiliam a nativitate cecam. Hanc cum esset parvula misit ad quandam villulam suam longe remotam, ignominiosum valde reputans si in eadem villa qua ipse manebat nutriretur. Que cum adolevisset, lasciviam modis omnibus fugiens, viberet moribus ut poterat.

墓地为何将他们拒之门外。

中世纪末期，尽管航海和地图绘制术出现了较大进步，指南针和船尾舵被发明，船只变得越来越大、越来越坚固，但大海仍然是危险和可怕的代名词。因此，经常乘风破浪的人都是令人提心吊胆的人物，水手和船员们首当其冲。在他人（尤其是编年史作家和传教者）看来，这些人都是脱离社会轨道的恶人，最好不要和他们打交道，因为他们总能带来厄运。他们会抢走船上游客或朝圣者的财物，然后将这些可怜人抛弃在孤岛上；有时，甚至会把他们卖给海盗或非基督教徒；有时，干脆直接扔到海里。即便在航行中途停靠，来到陆地上，这些水手也不是什么好人。他们经常光顾酒馆和荒淫场所，与当地人发生口角，引发各种各样的混乱，不遵从教会律法，也不遵守当

◂ **白船事件**

自从诺曼底公爵威廉在1066年征服英格兰后，英国国王领地一直位于拉芒什海峡两岸。虽然各种船只时常穿越这一海峡，但这片海域在当时仍是非常危险的区域。1120年11月25日，在巴尔弗勒尔附近的公海发生了一次非常惨烈的海难，史称“白船事件”。遇难船只从科唐坦出发前往英国南部，船上载着许多年轻的贵族、领主和贵妇。此外，亨利一世（即儒雅者亨利）的一部分家人也在船上，其中包括国王的独子、唯一的王位继承人——威廉·艾德琳。海难几乎导致全船人员殒命。该事件产生了巨大影响。编年史学家让·德·伍斯特讲述了国王在不久之前曾梦到过即将到来的可怕海难。

让·德·伍斯特，《众史之书》，手抄本（第二部分），约1130～1140年。牛津，科珀斯·克里斯蒂学院图书馆，MS 157，第383页

地国王或领主订立的法规。粗俗、暴力、贪婪、淫荡、信奉异教是他们身上的标签，欧洲的水手似乎和地狱订了契约。直到18世纪，水手的形象才稍有好转。19世纪，浪漫主义文学中开始出现正派、有德行的水手。

在水下生活的生物并不比在水面上工作和航行的人更让人高看一眼，它们甚至更可怕。中世纪时，人类对鸟的了解较为深入，因为鸟类更利于被观察和研究，但是对鱼类知之甚少。鱼被认为是一种奇怪的创造物，生活在一个不适宜其他生物生存的地方。在水里，鱼显然不需要呼吸，但其他有正常结构的生物只会因缺氧而死亡。因此，水仿佛也和撒旦订了契约。水下世界和冥界一样：极致黑暗，让人窒息，让人殒命，甚至人死之后还要忍受可怕的折磨和无尽的痛苦。直到16世纪，西方文化才开始将海洋看作生命的起源而非死亡之境。在那之前，人们完全不这样认为。

即使在鱼类大家族内，人类也有偏爱，比起海水鱼，人们更喜欢淡水鱼。在人类看来，淡水鱼似乎更纯洁，更健康，更适合食用。人们通常以比较原汁原味的方式食用淡水鱼，而不会用盐腌制、风干或烟熏。因此，淡水鱼价格更昂贵，只出现在达官贵人的餐桌上。即便生活在海边的权贵之人也很少食用海水鱼，他们绝对不会食用贝壳类，但经常食用淡水鱼。例如12世纪，圣米歇尔山修道院院长（除了在苦行期间）只吃鲤鱼、鳝鱼或白斑

海上营救

在亚瑟王的神话里，人们时常从英国的康沃尔郡穿越大海到阿尔摩里克的布列塔尼。这趟航行非常艰辛。帕尔西瓦的兄弟，威尔士的拉莫拉特曾经经历过一次惊险的航行。拉莫拉特乘坐的船在风暴中遇险，船上的人员都落入海中，但拉莫拉特和他的同伴都被淳朴的渔民救上了岸。在中世纪，在海上，比起遇到贪婪的水手或残忍的海盗，人们更希望遇到淳朴和善的渔民。

《特里斯坦传奇》，杜诺瓦大师作彩色装饰画，约1445～1450年。尚蒂伊，法国孔代博物馆图书馆，MS.648，第71页反面

狗鱼，他绝对不吃鲱鱼和鲭鱼。然而，在环绕着圣米歇尔山的拉芒什海峡中，鲱鱼和鲭鱼的繁育能力很强。在圣山周围的渔民和居民将风干或用盐腌制的鲱鱼和鲭鱼在市场上售卖以换取少量肉类食物。那些出海捕海鱼的渔民和水手一样，名声很不好。经常出海、经常捕鱼都被认为是值得怀疑的行为，所有良善的基督教徒都不应从事。传教者经常强调，动词“作孽”（pécher）和“捕鱼”（pêcher）不只读音相似，从词源与语义上也颇有渊源。

还有比渔民与被捕的鱼更邪恶的：水下生活着很多可怕生物，如鲸、美人鱼。下文中将会提到，鲸会用露出水面的背蒙蔽航行者，让他们误以为这是一座小岛。一旦航海者们踏足这座“小岛”，它会立刻将他们全部掀翻，让其坠入海底；阴险又残忍的美人鱼拥有动人的歌喉，却没有灵魂。它会利用悦人的叫声吸引水手接近，然后将其带入地狱般的无尽深海，将他们的灵魂据为己有。若碰到这两种生物，即便恳求尼古拉、克莱门、抹大拉的马利亚或其他守护船夫和游子的圣人都无济于事。一旦坠入海中，这些圣人也都无能为力了。海水之下是一个恐怖奇幻的生物世界。身形巨大的动物和没有名字的怪物毗邻而居，这些怪物与某些陆地动物相似，甚至类似人形，还加上了尖利的鱼鳞、巨大的鱼尾、怪物般的利牙和尖角。这些深海里的动物和地府门口等待下地狱之人的怪物如出一辙。

中世纪海洋的形象与其在《圣经》《奥德赛》和其他古代

传说中类似：海是可怕的，海面之下是一个混乱、死亡的世界，魔鬼的力量在那里肆虐，与人神相对。先知约拿的故事已经足够让人胆战心惊，他先被鲸吞掉，又被重新吐出。那些长着好多脑袋、好多犄角的海底怪兽就更令人害怕了。它们会从海中跳出来挑战神明、折磨正直的人。来自大海的攻击——如诺曼底人或海盗的挑衅——是最致命的，因为大海无时无刻、无处不在地散发着死亡信号。只有曾经在加利利海的水面上行走，平息迅猛风暴的耶稣基督才能战胜大海。在世界末日之时，最后的审判之日，基督摧毁了大海，为了给人类永恒的平静："海，将不复存在；死亡，将不复存在。"（《启示录》21，1—4）

奇迹般的远航

古代文明为我们留下非常多圣迹显现的远航，在这些航行中，主人公将经历许多艰难险阻，面对各种妖魔鬼怪，身陷各种异乎寻常之地，之后被引领至世界的尽头，要么经历困苦，要么经历变形，最终回到家乡。《奥德赛》就是典型，它成为中世纪文学竞相模仿的模板。虽然中世纪的奥德修斯和荷马笔下的奥德修斯没有什么联系（根据基督教的价值观，头脑灵活机敏并不值得尊敬，也不是什么美德，恰恰相反是罪恶）。也有

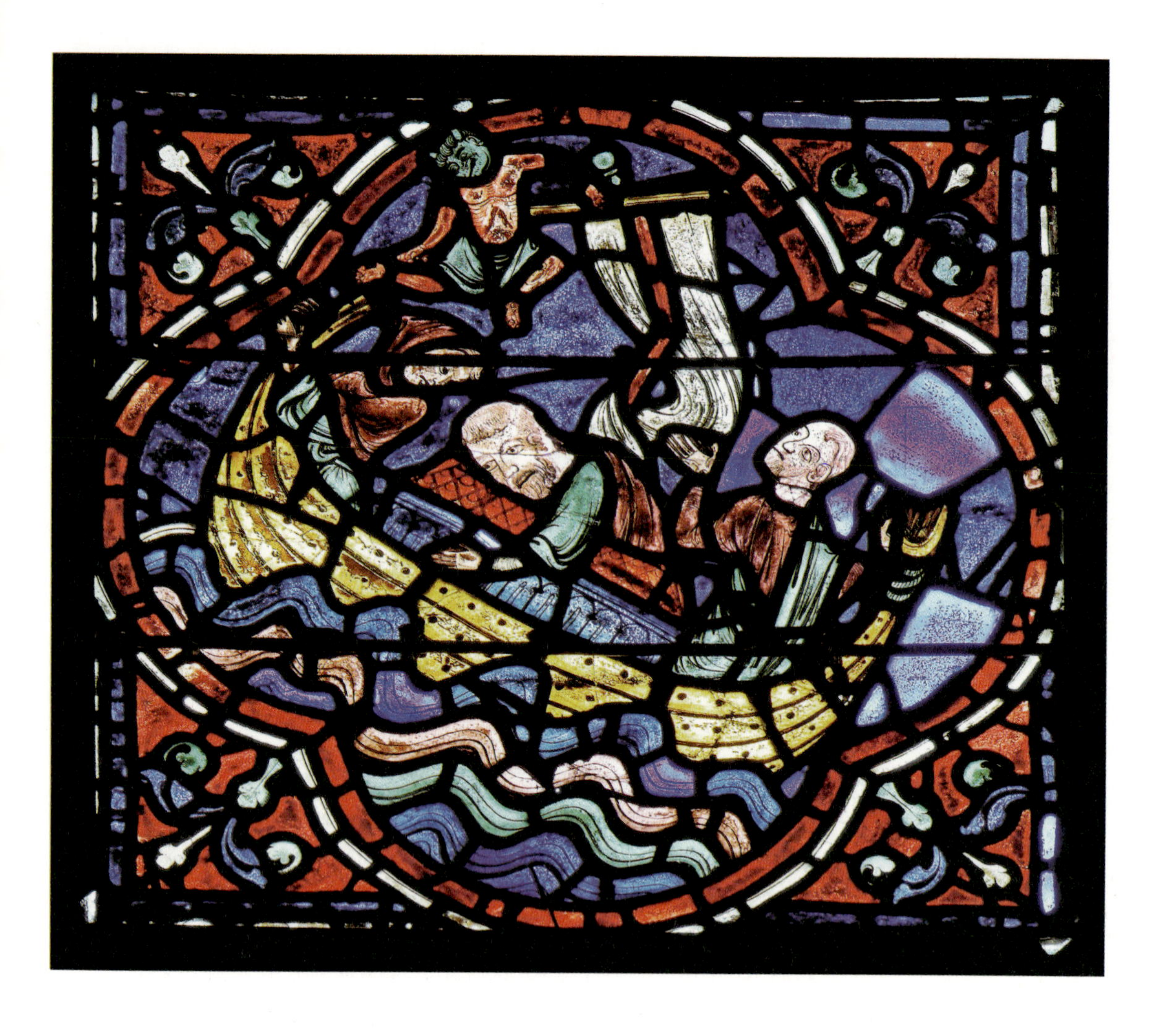

在海上遇险时圣骨显灵

基督教最初的殉教者圣艾蒂安于公元30或31年初在耶路撒冷被人用石块活活砸死。5世纪，人们将他的圣骨转移至君士坦丁堡的过程中发生了许多传奇之事。其中一个传说讲述了撒旦命令魔鬼在移送圣骨的队伍来到海上时掀起狂风巨浪并让整艘船沉没。事实上，风浪确实很大，但船并未沉没。圣艾蒂安的圣骨压制了魔鬼，并在整个路途中创造了各种神迹。

沙尔特，圣母大教堂，半圆形后殿，殉道者礼拜堂，13号窗，约1220～1225年

另外一些不那么为人熟知的故事，其中也出现了很多充满奇迹的远航，也为某些中世纪作家带来了灵感。琉膳的《真实的故事》*就是如此。这是一部带有讽刺意味的滑稽故事，很少被提及，但其中有一个章节与鲸有直接关联。

出生于卡帕多西亚和叙利亚边境的琉膳生活在2世纪，是一位辞藻华丽的作家、诡辩家，他用希腊语写作，有时会用自己的能言善辩为皇权贡献力量。他的作品很多，在世时已有一定名望。他的作品《真实的故事》讲述了一次想象中的幽默又奇幻的旅行。若书中的旅行真的实现，他就要离开地球了。对琉膳来说，这是效仿其他著名作品的好机会（尤其是《奥德赛》），也是光明正大进行讽刺和抨击的机会。

琉膳登上一艘要将他带往西方世界的船，之后遭遇剧烈风暴，他被强烈的气旋卷走，最终被吹到月球上。在月亮上经历了一系列的意外后，他乘坐的大船又重新回到海上，但刚一落稳就被一头巨大的鲸吞掉。在这头鲸的肚子里，琉膳和他的同伴不仅发现了许多其他海难的遇难者，还发现了一个非常健全的世界。那里有城市，有乡村，有自然风光，有人文活动。不得不提的是，鲸“身长1500米**”（约280千米）。海难遇难者之

---

* 周作人译作《真实的故事》，也译作《信使》。

** 此处为古米。

◂ **鲸的诡计**

在这幅小型画作中，作者在一个画面上呈现出鲸两种令人生畏的特征，这两种特征也经常被其他动物文学作家提及：1.鲸身形巨大，当它浮在水面晒太阳时，水手们会误认为它的背是小岛，之后登上“小岛”，而鲸只需甩一下尾巴就可以将他们全部掀翻，使其沉入海底。2.鲸可以散发出诱人的气味，鱼闻到这股无与伦比的气味时会不由自主地游进它嘴里。当鲸口中聚集了足够多的鱼时，它会突然闭上嘴，吞掉嘴里的所有猎物。鲸是撒旦的创造物，满腹诡计，邪恶至极。

拉丁语动物寓言集，林肯，约1230年。剑桥大学图书馆，MS Kk.4.25，第89页反面

间冲突不断，有时他们也会和“巨型贝壳人”正面抗争。有时，鲸不得不和某个漂浮的小岛上的士兵战斗。虽然满口利牙，但这头鲸也没有多凶猛，它只是身形巨大，肚子仿佛能载万物。

最终，在鲸肚子里待烦了，琉膳决定略施一计从鲸腹中逃脱。他在书中详细描写了这个计谋：

> 在鲸肚子里生活了一段时间后，我有些无法忍受这种日子了，我要想办法逃走。起初，我们想在鲸身体的右侧打个洞。然而，在挖了将近5米*后依旧没有挖穿，我们不得不放弃。之后，我们决定要在鲸肚子里放一把火烧死它。我们先在靠近鲸的尾巴的地方点火。七天七夜后，鲸似乎

* 此处为古米。

对腹内的烈火没有任何反应；第八天、第九天时，我们发现它的状态不对，它似乎很难张开嘴巴，即便张开，很快又要重新闭上。第十天，鲸已经奄奄一息，第十一天，它的身体已经开始发臭……转天，鲸死了。我们赶紧拖着船穿过这只海中怪兽的牙齿，之后，悄悄滑行到海上。后来，我们来到鲸的背上，并把它作为祭品献给了波塞冬。(《真实的故事》，XXVII，2）

在这个段落之后，还出现了很多模仿奥德修斯奇遇写成的主人公经历奇幻冒险和遇到奇人奇事的故事。本书结束得略显仓促：琉膳和他的同伴在真福群岛经历了漫长的旅程，之后，发现了一块新大陆。作者说会将故事继续写下去，但实际并未履行诺言。

圣布伦丹的远航虽不如琉膳的年代久远，但因流传甚广所以更加知名。圣布伦丹的远航故事版本众多，其中最古老的是《修道院长圣布伦丹航海记》。该书由一位名叫斯科特斯的洛林修道士在5世纪初用拉丁语以散文的形式写就。关于斯科特斯的生平没有任何资料记载。这本书一经问世瞬间大火，其影响力贯穿了整个中世纪。如今，有多达120部手抄本得以保留，值得一提的是，拉丁语的初版文稿催生了许多新的版本，这些新版本中经常加入其他圣人的生平，如圣马洛——布列塔尼地区

阿斯比德凯隆

在带有彩色画装饰的动物寓言集中，鲸看上去并不像古代绘画作品中的海怪，它更像一条大鱼，尤其是它的尾巴不再是蛇形而是呈鱼形。但拉丁语作品中经常用不同的词指鲸，有时用*cetus*，有时用*balena*，用*aspidochelon**（《寓言集》中使用的希腊语词汇，中世纪拉丁语将其原封不动地纳入自己的词汇体系中）的情况比较罕见。按字面意义翻译，这个词意为“蝰蛇-海龟”。但插画作家并未按其字面意义赋予其形象，他们将阿斯比德凯隆直接画成了一条大鱼。

拉丁语鸟类及动物寓言集，法兰德，约1275～1280年。洛杉矶，保罗·盖蒂博物馆，Ms Ludwig XV 4，第37页

---

* 音译为阿斯比德凯隆。

七大创始主教之一，有时也被当作布伦丹的门生。

布伦丹并非虚构人物，他是一位爱尔兰修道院长，生活在6世纪（约484～578）。他的声望吸引了很多修道士，他在不列颠群岛和欧洲大陆进行了几次航行。他充满奇闻奇遇的航行故事也许源于此。事实上，有关他的传说数量远远超过他的自传。此外，在凯尔特文化中，为传播宗教奥义而进行的海上远征尤其被尊重。12世纪初，《修道院长圣布伦丹航海记》被亨利一世身边的一位诺曼神父翻译成当地方言，并改写成诗歌。13世纪，不同的改编、翻译版本及各种将诗歌改写为散文的版本出现。最终，所有版本汇集成一部浩瀚的布伦丹生平汇编，此时，叙述技巧已远不及作品中出现的奇闻异事引人注意。

故事的框架结构如下：布伦丹在7名随从的陪伴下开始出海远航，目的是到未至之境传播福音，最终抵达圣地。布伦丹依照上帝的旨意航行、捕鱼、面对各种险阻和海怪。在布伦丹遇到的海怪中有不少是当代人认知中的鲸目动物。他此行遇到很多奇人，亲眼见证过许多超自然现象，参观了许多神秘岛屿，甚至游历了炼狱、地狱和天堂。天堂位于一个由珍贵石材形成的雪白小岛上，这些石材与构建天上的耶路撒冷的十二层珍贵宝石类似。相反，地狱位于一片多山的漆黑的岛上。布伦丹在那儿遇到了犹大，后者向他讲述了自己遭受的痛苦与折磨。院长布伦丹成功地缓解了不忠使徒的痛苦。七年后，布伦丹和他的7名随从（7是非常有代表性的数字）安然无恙地返回故乡。

现代学者尝试重现这些信徒的航程，他们认为纯白岛屿在法罗群岛，而暗黑岛屿在冰岛，之后围绕《修道院长圣布伦丹航海记》中提到的地点的定位出现了许多无谓的争论。中世纪的传道者们对此态度更积极：对他们而言，教会即远航的船只；布伦丹的漫长旅程即为抵达天堂必须经历的磨难；鲸则为魔鬼。因为，在他们看来，作品的高潮并非布伦丹与犹大的会面，也非在天堂的游历，而是布伦丹和修道士们将鲸的背当作小岛"登陆"的篇章。以下为根据约1120年被改写成诗的盎格鲁诺曼底版本的《修道院长圣布伦丹航海记》译成的现代法语版，诗歌体裁也已被改写为散文：

之后，在到达羔羊岛后，他们捕获一头母羊作为复活节大餐的食材。之后，布伦丹收到一条奇怪的消息："登船，去远处的岛屿。"布伦丹并未提出异议，他遵从了旨意，登船前往指定岛屿，毫不费力地登陆。修道士们悉数下船，只剩院长还在船上。他们组织了盛大的弥撒，之后去拿肉和木材以便准备盛宴。修道士们生起火后突然惊恐大叫："院长，等等我们！"整个地面开始震动，并渐渐远离船只。万幸，布伦丹及时为他们扔去木头与绳子，最终他们全员获救，重新爬上了船。"不要害怕！"院长说道，

“咱们刚才举行复活节弥撒之地并非陆地，而是海里体形最大的动物的脊背！”这也是为什么他们眼前的“岛屿”会快速离他们而去，直到距离他们10里*的地方，他们仍能看到刚刚点燃的火焰。

选段篇幅不长，但这是中世纪最著名的圣徒传记之一。这个故事被许多作品引用甚至夸大，但一直被加以同样的注释：鲸是一种诡计多端、令人恐惧的动物，它成心诱使修道士将它当作岛屿，它是撒旦的使者，甚至就是撒旦本尊！在某些13世纪的版本中，鲸会假装已经昏睡过去，在连续几周内一动不动。布伦丹与他的随从们不仅在它的背上进行了弥撒和野餐，甚至在上面驻扎下来，睡觉、建造简易住所，种植植物，直到鲸剧烈地摆动尾巴，修道士们才意识到自己的错误：他们被鲸平坦广阔的背脊、散发出的诱人气味和伪装出的绝对静止骗了。

以上情节被12、13世纪动物寓言作品多次引用，这些作品强调了鲸的诡计多端，细致地描写了鲸为引鱼上钩采用的各种方法。撒旦亦是如此：他诱惑人类上钩。弱小如斯，人类如何抵御这诱惑。之后，他命令魔鬼将人类猛然推入地狱的深渊。

---

* 法国古里，约合4公里。

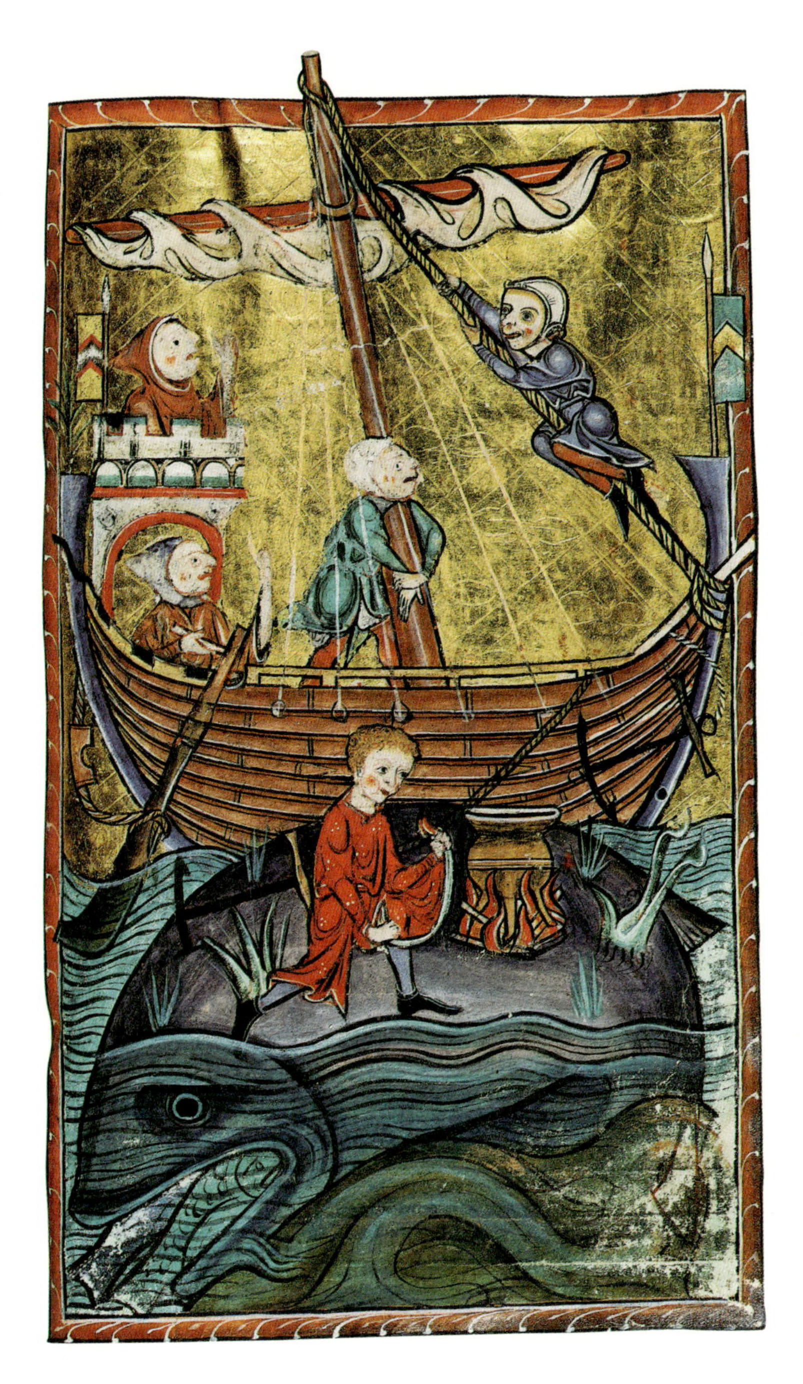

在鲸背上做饭

水手们将鲸的脊背当作岛屿并在上面安顿下来，这不是什么新鲜事。几乎所有动物寓言作品和某些传奇航海故事中都曾提到。因此，在圣布伦丹与他的修道士们一起在未至之境进行的伟大冒险中也能找到类似情节。

拉丁语动物寓言作品，英国，约1235～1240年。牛津，博德利图书馆，MS Bodley 764，第107页

动物寓言作品

在研究鲸在中世纪动物寓言作品中的地位之前，我们先来简单了解一下这种专属于中世纪的书籍，它对于研究动物的历史学家来说非常有教育意义。动物寓言指描写某些动物特性并从中提取宗教和道德教育意义的汇总文集。所谓的动物特征既可以是真实存在的，也可以出自作者的想象，既涉及动物的外形构造、行为、习性，也涉及它与其他动物甚至人类的关系。动物寓言中也包括所有与这种动物相关的信仰或传说。以狼为例，中世纪时人们认为狼睁着眼睡觉。因此，动物寓言中将狼视作警惕性的代表，这也解释了为什么教堂的门上总会有狼的形象出现。在另一些作品中，人们甚至会将狼与耶稣进行对比：耶稣并未在墓中长眠而是一直等待着复活，即便在面对上帝时，他也一直睁着眼睛，就像《主祷文》中说的："将人从一切邪恶中解救。"相反，猪一心只想着吃，不停地用鼻子翻土找吃的，从来不会抬眼望向天空。因此，猪是道德败坏的人的象征，他们只惦记着人世间的物质财富，从不愿向主祷告，从不思考未来。

因此，动物寓言的写作逻辑，即基于对某种动物的观察或与之相关的信仰，甚至仅从它的名字和外貌特征上，通过对比、比喻、词源研究或相似性比较得出精神层面的分析结论或阐释性结论。从这一角度说，动物寓言作品完美地反映了中世纪时人类的思想，一种总是基于类比关系建立的思想，即立足于两个词、两个概念、两种事物或某一事物和某一思想间隐约显示出的相似建立的关系。中世纪这种基于类比关系产生的思想经常试图在某个显性事物和隐性事物中建立联系，或者在某种现实世界中的存在和彼世的永恒真理建立联系。一个词、一种形状、一种颜色、一个数字、一种动物、一种植物甚至一个人都可以被赋予某种象征意义，进而揭示、代表、反映其本该代表或反映的意义。注释文学旨在勾勒与分析物质与非物质之间的联系并最终找到生物或事物背后暗藏的真理。

对于动物寓言而言，研究动物的目的首先是描绘动物，然后寻找和揭示动物形象背后掩藏的深层寓意，其依据主要为《圣经》、基督教早期教父和古代权威作家（如亚里士多德、普林尼、索利努斯、圣依西多禄）。动物寓言集中到处是对《圣经》的引用。每种动物似乎都是另一种更高层级世界中的事物的象征和代表。因此，狮子不仅是上帝或基督的象征，它也是权威、公正、力量和慷慨的象征。熊曾是狮子“万兽之王”地位最有力的竞争者，却成为撒旦的化身，象征着各种罪恶：贪食、懒惰、易怒、好色。狐狸也是魔鬼的化身，象征着诡计、谎言和背叛。它橙红色的皮毛恰好和犹大及所有叛徒的头发一

海象

动物寓言作家及插画作者肯定从未见过海象。他们将它塑造成体形巨大的动物，是鲸的近亲，长着两颗凸出的犬齿，又长又尖。海象的两颗象牙似乎比它本身更有名：海象牙在封建时期被从格陵兰岛或北极地区带回，价格比象牙便宜，经常被用于制作各种珍贵物品，如小雕塑、镜框或棋子。

拉丁语动物寓言集，林肯，约1230～1235年。剑桥，大学图书馆，MS Kk.4.25，第89页

▸ 观察是知识的来源

《亚历山大大帝之书》中解释了人类如何从观察中获取知识，以及在书籍出现之前，人类如何通过所见扩大对世界的认知。中世纪时，这种继承自亚里士多德的观点仍属小众。《亚历山大大帝之书》中强调了玻璃的神奇属性。玻璃是一种既可以被看到也可以让人看到其他东西的材料。在亚历山大的“玻璃桶”中，他既观察了鱼，同时也让鱼观察了自己。

《塔尔伯特·什鲁斯伯里之书：亚历山大大帝之书》，鲁昂，1444～1445年，伦敦，大英图书馆，MS Royal 15 E XV，第20页反面

个颜色，这就是证据！某些动物身上的象征意义充满矛盾。以野猪为例，在动物寓言中作者们经常赞扬它的勇气，但同时它的易怒、狂暴饱受诟病；鹿在基督论中占有重要地位，但却经常被塑造成性欲强烈的动物；公鸡经常为保护母鸡与比自己强大很多的敌人英勇斗争，这一点非常值得尊敬，然而它也是淫荡、自大的代表，天天骄傲地站在自己的粪便上显得非常可笑。此外，鸡的叫声不总是快乐的象征：很多作者喜欢引用彼得三不认主中极具象征意义的鸡鸣。

中世纪动物寓言集的前身是2世纪在亚历山大用希腊语写的寓意性文章。这篇文章很快被译成拉丁语，并被取名《博物论》。它成为其他所有与动物有关的书籍的模板，文中描写了40余种动物（四足动物、鸟类、蛇）及几种奇石的特性和象征意义。之后，在此文基础上又融入了基督教早期教会圣师的思想

▸ **亚历山大的海底观察船**

在《亚历山大大帝之书》的不同版本中都能读到亚历山大在征服东方后观察未知之境的片段。他在这些陌生的地域发现了各种新奇的人种和动物。之后，他也希望能深入观察围绕着陆地的海底。为此，他命令技艺最高超的玻璃工匠为自己制作了一个“玻璃桶”，他命人用铁链将“玻璃桶”悬挂在船上，如此，他便可以深入海面之下去观察各种鱼类以及所有生活在海底的生物。

《亚历山大大帝之书》，14世纪初。柏林，柏林国家博物馆，版画素描馆，HS 78 C 01，第67页

（尤其是盎博罗削和奥古斯丁的思想），西方文化三部奠基性作品——普林尼（1世纪）的《自然史》、索利努斯（3世纪）的《奇物集》、圣依西多禄（7世纪）的《词源》——选段和某些医书的选段［尤其是迪奥斯科里迪斯（1世纪）和盖伦（2世纪）的作品］。

经过对其他思想和作品源源不断地吸收与丰富，在公元1000年前，最终形成了一种特殊的书籍类型——“百兽之书”。将这些内容集结在一起的原因看似明显——都以动物为基础，然而这种类型的书籍涵盖的内容与分类体现出非常明显的多样性，加之在最古老的内容之上，新的引用与发展历时几百年。有些作家甚至将拉丁语的《博物论》改写为不同版本的诗歌。在11～12世纪的意大利，在修道院中，这种将文学作品改写成诗歌的做法曾风靡一时。13世纪，亚里士多德的作品经常成为改写对象。当时人们借助阿拉伯语翻译刚刚发现的他的动物学著作。亚里士多德的作品（有时配以阿维森纳的评论）逐渐被加入某些动物寓言作品中。动物寓言作品在整个中世纪内容不断丰富，这些改写与内容添加使现代学者得以将拉丁语动物寓言作品进行分类、再分类。分类有时依据描述的动物种类，有时依据引用的作家（是普林尼居多、圣依西多禄居多，还是教会圣师经典居多），有时依据书中描述的动物种类的广泛性（是针对所有动物，还是只选取几个特定种类，只谈论某一科、某一门类或某种传统）。在本文中，对这些理论依据并不坚实的分类方法先按下不表，因为这些分类总会引发各种质疑和争论。

最早期的拉丁语动物寓言就已经被翻译为各种地方语言版本，如古德语、古英语、盎格鲁诺曼底语、古法语和中古法语、古斯堪的纳维亚语、中古德语、中古荷兰语；之后被译为托斯卡纳方言、威尼斯方言、加利西亚方言和加泰罗尼亚语。从13世纪起，动物寓言主要由更爱用散文写作的地方语言作家写就。博韦的皮埃尔是其中最早的一位。皮埃尔是一位多题材作家，同时也是神职人员，他与德勒伯爵一家交往甚密。13世纪初，他用法语写了一部散文题材的动物寓言，书籍篇幅不长（共38章），30多年后，他自己或某位模仿者又扩写了该书（71章）。在序言部分，他为读者给出了此类书籍的定义：

> 这是一本动物寓言集，之所以称之为“动物寓言集”，是因为在书中将要谈论动物的本性。

这部皮埃尔的动物寓言集在之后的三四代作家中被模仿、被改写、被重组。在所有改写版本中最成功、最值得一提的出自理查德·德·福尼瓦尔，一名博学的教士、珍本收藏家（他的个人图书馆为索邦大学图书馆奠定了基础）。他的藏书数量浩瀚，语种涉及拉丁语和法语，涵盖几乎所有类别。以前辈的作品为基础，13世纪中期，福尼瓦尔撰写了一部全新的动物寓言集《动物爱情寓言》。这是一部与众不同、前无古人的作品。福尼瓦尔并未从动物特性中总结道德训诫或宗教教义，而是得出了许多与爱情或爱情策略相关的思考：怎样博得女性芳心，怎样让爱情持久，要避免哪些错误；怎样避免“恋爱脑”，怎样避免成为伴侣任性或喜怒无常的脾气的受害者。每种动物特性都对应男性或女性身上的某种与爱情相关的行为。关于鲸和鲸的小诡计，福尼瓦尔是这样说的：

> 很多人因轻信他人的虚伪言行而送命。这正是某种体形庞大的鲸的所作所为。它会将后背露出海面，让水手们误以为那是一座小岛。它的皮肤为此与沙土同色，足以迷惑水手，让他们在其背上登陆停泊，生火做饭，安营扎寨，甚至住上十天半个月……女士们也会被巧言令色欺骗，某位男士对她说爱她爱得死去活来，她就信以为真，而实际上这份“爱”对他来说不疼不痒。因此，才会有这么多“渣男”：他们玩弄天真的女性就像狐狸捉弄喜鹊……他们装作被爱情迷惑，彻底上头，但事实并非如此，他们唯一的目的就是让自己快乐（《动物爱情寓言》，35—36页）。

海中奇迹

让我们将视线重新聚焦于拉丁语动物寓言作品，鲸被其描绘为世界上最大的鱼。但海洋生物中的王却另属他人——海豚。这也是为什么在图像作品中，海豚经常带着王冠。因此，如果历史学家们忘了中世纪时哺乳动物的概念还不存在，而将海豚当作“鲸目动物”研究，那么他们不仅犯了年代错误，更无法理解为什么海豚会带着王冠。更何况中世纪动物寓言并未将过多的篇幅贡献给海豚，至少比起其他古代作品来说要少得多。后者曾详尽描述海豚对音乐的热情、与人类的友谊以及它的死因。中世纪时，人们更重视海豚的游泳速度，发现它们不是通过产卵的方式繁育后代，以及它在解剖学上的奇怪特质——它的嘴长在肚子中间。

> 海豚是生活在海里的大鱼，它们会被人的声音吸引。它是海中游速最快的动物，它飞也似的在海中穿梭。但海豚从不会单独行动，它们总是成群结队在海中游弋。通过观察海豚，水手能判断风暴是否即将到来：海豚在风暴来临前会四下逃窜，激动不安，像被闪电劈到似的。
>
> 要知道海豚不产卵，它们是直接产下幼崽。母海豚怀胎十月后产崽，生产后用乳汁哺育幼崽。当海豚小的时候，

父母会将它们含在嘴里以便更好地保护它们。它们的寿命可达30年……海豚嘴的位置和其他鱼类不一样，长在肚子下面……海豚非常擅长控制舌头以便“说话”，它们的声音和人哭泣的声音很像。

尽管海豚被当作海中的鱼类之王，动物寓言作品中的明星动物还是非鲸莫属。鲸，是海中的奇迹！它被认为是一种鱼鳞接近沙土色的巨型动物，正因如此，水手经常将它的脊背当作小岛。可怜的水手啊！他们会登上鲸的背，在那里安营扎寨，就像追随圣布伦丹的修道士一样，在鲸的背上生火做饭或取暖。鲸觉察到自己的后背正在被火炙烤后会变得非常愤怒。它会驮着背上的一切——水手、船只——冲入最深的海底，让一切倾覆，之后毫不犹豫地吞掉整支远航的队伍。先知约拿的故事中曾提到鲸的胃硕大无比，约拿曾在鲸的肚子里生活过好几天，他觉得那里非常宽敞。

许多作家的作品中曾提到，鲸可以长时间一动不动地待在一个地方。它会把背部露出海面然后沉沉睡去。海面上露出的鲸的脊背就像一座小山。有时，它睡得太久了，背上甚至都生出了野草和灌木。因此，水手们会上当。他们毫不怀疑鲸的后背营造出的假象，这也象征了人们为追求现世的享乐会轻信撒旦。撒旦会毁掉所有人！鱼的命运也好不到哪儿去。和撒旦一样，鲸也是迷惑引诱的一把好手。它吐出的气息是如此诱人，以至于大量的鱼儿自愿上钩（通常是最天真、最小的鱼）。鱼会乖乖地自己游入鲸大张着的嘴里，就为了闻闻这无与伦比的香气。一旦嘴里聚集了足够多的鱼，海中巨兽会突然闭紧嘴巴，吞掉嘴里的一切生物。这种诡计和魔鬼别无二致。

因此，鲸是一种可怕的动物，曾经被看作和《圣经》中的利维坦类似的怪物。它的嘴巴巨大，内部漆黑；它的牙齿量多且锋利，上下交错。鲸可以一口吞下“比熊还大”的猎物。动物寓言集与百科全书中都曾探讨过体形如此巨大的动物该如何交配。雌性鲸的生殖器在肚子下面，雄性鲸（有时会被认为是抹香鲸）的生殖器并不明显。它们如何交配呢？有些作者曾经想象出最狂野、难度很大的动作，鲸的交配会让其他所有鱼类落荒而逃，掀起惊天巨浪，让船只倾覆。在某些文章中甚至能读到有些城市因距鲸交配的水域较近而被淹没。但另一些文章中认为雌雄鲸在交配过程中并不会发生身体接触：雄性会喷射出精液，这种精液自己就会被雌性散发的气味吸引然后自己游到“正确的地方”。布鲁耐托·拉蒂尼的解释更为具体，他认为贻贝在鲸的繁殖过程中承担了运送精子的任务。贻贝确实是“鲸非常亲密的朋友”。所有文章中都曾提到“和所有大型动物一样”（百科全书作者坎廷普雷的托马斯），鲸的繁殖能力很差，在它漫长的一生中，它只能生产两三次，一次只能产一胎，因

百科全书中的鲸

中世纪百科全书编写者描述的鲸与动物寓言中的鲸不同。百科全书更重视动物学分析，奇事、神迹、道德寓言、神学教义的篇幅非常有限。中世纪百科全书中的鲸也不像当代的鲸目动物：它们仍然被塑造成体形巨大的鱼。根据中世纪百科全书编写者的说法，鲸的体形大到甚至会妨碍交配。

坎廷普雷的托马斯，《事物本性》，康布雷，约1285～1290年。瓦朗谢讷，市政图书馆，ms320，第111页反面

此捕获它变得异常重要。

在北部海域和大西洋人们都会捕鲸，捕鲸是一项非常危险的活动。13世纪中期，多明我会教士博韦的樊尚在百科全书《自然鉴》中曾对捕鲸进行过生动描述。捕鲸活动需要多艘船只和许多水手共同合作。因为鲸对音乐非常敏感，所以他们要先将鲸围绕起来，再敲鼓击钹。之后，最勇敢的水手需利用鲸沉醉在鼓点声中的失神高高跃起，将鱼叉深深刺入它的脊背。此时，水手必须立刻逃跑，因为这头受到攻击的巨兽会发狂，拼命摆动身体，这也会让伤口越撕越大。捕鲸的水手会远远观察这头巨兽，它会先沉入海底，之后再浮上水面，它还会拼命摇动尾巴以期将鱼叉甩掉，但终究会因此而筋疲力尽。它最终会放弃抵抗，静静地等待死亡。此时，水手们会靠近它，将它包围，用矛让它毙命，最后用缆绳拴住它。水手们凯旋而归，他们拖着猎物到达岸边，就地将其肢解。人们能从一头鲸身上获得数不尽的产品：油、脂肪、肉、骨头、鲸须、舌头、牙齿、鱼皮……鲸身上的一切都有用，所有东西都会被人带走。当地的领主和修道院通过征税或拿取实物的方式从中抽成。鲸的舌头可以做成珍馐，因此非常抢手。

比斯开湾周边的某些城市在13、14世纪成为捕鲸之城，在这些城市的徽章上能看到与博韦的樊尚笔下描述的捕鲸场面类似的情景，也能让人切实感受到捕鲸的危险。在挪威和冰岛，从中世纪起，捕鲸成为海滨许多居民安身立命的事业。从流传至今的多份捕鲸规章中足以看出当时捕鲸已经成为有组织且有迹可循的职业活动，从业者甚至会签订类似“保险合同”的契约。在这些捕鲸规章中也提到了鲸的不同种类，在某些文章中，甚至提到多达30多种不同的鲸。

诺曼底教士吉约姆在其13世纪初写就的《神奇的动物寓言》中并未对鲸进行细致分类，但他单独提及抹香鲸，并用“海怪”（法语：cète，拉丁语：*cetus*）一词特指其他雄性鲸。而拉丁语动物寓言中这个词多指雌雄两性的鲸：

> 海里鱼的种类和陆地上的野兽种类、天上的飞鸟种类一样多。有白色的鱼、黑色的鱼、身上带斑点的鱼，还有深棕色的鱼。但了解鱼的习性并不像研究陆地动物的习性

▸ **会飞的鲸：*serra***

某些动物寓言与百科全书作品中曾提到一种奇怪的鲸，名叫*serra*，长着半鸟半鱼的身体。它身上既有鱼鳍，又有一双巨大的翅膀。它身上长着长刺，可以将船挂在身上，飞到很远的地方。它累的时候就会突然扔掉挂在身上的船，让它突然落入海中，一碰到水面，船会被撞击得四分五裂，船上的水手也会命丧大海。这种海中巨兽是撒旦的象征。

拉丁语动物寓言（《诺森伯兰动物寓言》），英格兰北部，约1250～1260年。洛杉矶，保罗·盖蒂博物馆，MS 100，第46页反面

> 那样容易。海里生活着鲟鱼、长须鲸、大菱鲆、抹香鲸，还有一种名叫鼠海豚的大鱼。另外，还有一种凶恶危险的巨型海怪，拉丁语名字是*cetus*，它令所有水手闻风丧胆。

在许多动物寓言中经常出现一种特殊的鲸，名叫*serra*。它是一种半鸟半鱼的动物，背上长着一双巨大的翅膀，长长的鳞嵴上长着许多尖刺，可以将船挂在身上，冲入云霄，将船带到离它的既定目的地十万八千里的地方，之后，一旦*serra*感到疲惫，就会将船扔到汹涌的波涛中。船应声而碎，水手也难逃溺水身亡的命运。这些遇难者和被撒旦拖入罪孽深渊的忘恩负义的基督徒一样，既无法接受临终圣体也没有葬礼。

动物寓言中强调，大海中生活着许多鱼，其中有一些和鲸一样残忍、好色、诡计多端。有一些甚至会吞食掉自己的孩子；另一些则是淫荡的，甚至会和与自己并非同类的鱼交配；还有一些实在太过狡猾，很难垂钓捕杀，它们就像不愿服从领主命令的狡猾的人类一样。鲟鱼是唯一一种鱼鳞倒着排列的鱼，即生长方向从尾巴到头部。它在水中游泳时会做出假动作，让人对它的游行方向做出错误判断。它像魔鬼一样背信弃义，但它的肉着实美味。另外，它还能治愈腹泻，它能将人因贪食积累的秽物全部带走。剑鱼也很不寻常，鼻子长得像剑且带有锯齿。它非常擅长利用身体上自带的武器刺死其他鱼、撕破渔网或划破船身。它甚至敢与鲸对抗，让长剑刺入鲸的肚子。再没有比剑鱼更好斗的鱼了。剑鱼因肉多且营养丰富成为人类追逐的猎物，它的肉能强身健体，使人精力充沛。但捕鱼者对它心存畏惧，尤其是对它骇人的长鼻子心有余悸。在尝试捕获它之前，捕鱼者会用斧子将它利剑一样的长鼻子砍掉，如此，它的危险系数骤降。

生性好色的海鳗更加特别，它周身不长鱼鳞，因此被贴上"卑鄙"和"值得小心"的标签。海鳗和鳗鱼一样柔软，它"与狐狸和蛇一样，靠扭动身体"移动，而不是直接迈步前进。海鳗的致命弱点不在脑袋，不在胸腔，而在尾巴。在它脑袋上狠敲一下不会产生什么后果，但是，只需轻轻拍打它的尾巴就可以让它毙命。它神似鳗鱼的外形、柔软细长的身体经常被人误认为是海蛇。有些书中曾写道，海鳗很喜欢和蝰蛇（*berus*，一种剧毒的蛇）交配。为了不让海鳗中毒，蝰蛇会先将自己的毒液排出，安置在石头上，等性交结束后再将毒液取回。撒旦用类似的手段引诱人类：他先抛弃自己的"毒液"——假装善良，引人类上钩。和海鳗一样，我们会成为撒旦诡计的受害者。许多作者写道，海鳗只存在雌性个体，为了繁衍后代，它们必须和雄性响尾蛇交配，而非蝰蛇。因为海鳗即使离开水也能活一段时间，因此海鳗和响尾蛇会在沙子或岩石上幽会。为了吸引海鳗，"满腹毒液与谎言"的雄性响尾蛇会发出嘶嘶声。一听到这种声音，雌性海鳗会立刻拍马赶到，像“为自己的身体疯狂的女性”一样沉醉在肉欲中。

另类动物学

公元1000年后，拉丁语动物寓言开始影响其他作品，尤其是百科全书。无论篇幅，百科全书中总有不少与动物有关的章节。这种情况从古时既已开始，随着时间的流逝，有关动物的内容变得越来越丰富。13世纪，坎廷普雷的托马斯、巴泰勒米及博韦的樊尚的鸿篇巨制中，有关动物的章节占了全书的2/3，甚至3/4。因此，想研究中世纪动物寓言绕不开百科全书。这两类书籍紧密相关，甚至在百科全书中有关动物的章节会独立存在，并被命名为“动物寓言”或“鸟类图鉴”。然而，动物寓言

▸ **海豹（图片上方）和海狮**

海豹经常出现的海岸比海象常出没的海岸更靠南，但动物寓言作品的作家们对海豹也没有过多了解。有些作者将海豹比作生活在海里的小牛，另一些认为海豹是两栖动物，游着比走着快。插画绘制者经常将海豹画成长着两只爪子和一条类似鱼尾的尾巴的大鼹鼠。

拉丁语动物寓言，约1230年。剑桥，大学图书馆，MS Kk.4.25，第92页反面

与百科全书的区别也很明显：在百科全书中，几乎不存在任何奇事圣迹的描写。诚然，作者有时会在某些奇观异景上略倾笔墨（比如，细致描写鲸的身形如何巨大），但他们不会对此进行超自然现象的解读。此外，百科全书作者不会对动物行为进行任何注释和神学分析，只会从中得出某些道德教义。

多明我会教士坎廷普雷的托马斯的作品正是如此。这是一位善于旁征博引的作家，旨在为传教士提供一部集合与博物历史相关的各种权威作家作品的节选与引文。他的著作为《事物本性》。托马斯为此书完成了两个版本。第一版于1230～1240年间完成；第二版对第一版内容进行修订与补充，于十余年后完成。这部作品直至中世纪末一直被广泛传播（有多达226份手抄本，实属罕见），对许多无论是拉丁语写就还是本地方言写就的百科全书或动物学著作产生了深远影响。托马斯的作品中，鲸出现在许多篇幅较短的章节中，用来指鲸的名词非常多。“cetus”一词指狭义上的长须鲸，被收录于《鱼类之书》中。另一些用来指鲸的词语则出现在《海怪之书》中：抹香鲸（*pister* 或 *physeter*）和其他鲸不一样，它“长着巨大的牙齿”，生活在“高卢附近的海洋”（即太平洋）；“阿拉伯鲸”（*zedosus*），体形巨大，用它的骨骼可以建造许多栋完整房屋。在书中，托马斯也提到了神秘的剑鱼，但并未进行过多描述。

在关于鲸的章节中，有关长须鲸的章节最长、最概括。长须鲸是一种体形异常巨大的鱼，要在“三岁前捕获”，否则它就长得太大、太重了。托马斯细致地描绘了如何捕杀长须鲸，这些场景可能是他在距离北海不远的布拉班特或佛兰德斯生活时听说的场景。捕杀长须鲸需要大量的船只和人员。他们会在鲸经常出没的海域围成一个圈，展开准备好的渔网和绳索，之后，拼命敲打各种乐器。鲸被这些声音吸引，浮上水面，继而被绳索和渔网绕住无法脱身。此时，鲸全身几乎都无法动弹，因此，会受到鱼叉的攻击。鱼叉多为耙状，每个尖刺都是由锋利的铁制尖齿构成。由于受伤严重，鲸终会沉没，葬身海底。水手们会等着鲸的尸体再次浮上海面，将它拖回岸边。

几年后，另一位与坎廷普雷的托马斯生活时代相同但比他有名得多的多明我会教士大阿尔伯特在一部动物学著作中用篇幅颇长的一章专门研究鲸。神学家大阿尔伯特写了一部对神学、哲学和博物学皆产生深远影响的鸿篇巨制。他在科学领域的神奇发现吊足了读者的胃口，同时，也让他“神秘学大师”的头衔名声在外。直到17世纪，人们一提到魔法或秘传学说就会想到他。然而，他根本不是什么神秘学大师，不是魔法师，也不是巫师，甚至连炼丹术士都不算。他是神学家、哲学家、教师、学者，他也是一位伟大的辑录者。在科隆，他拥有非常丰富的藏书。他在作品中，经常会借鉴前人成果。他的动物学巨著《论动物》即是如此。该书完成于约1270年，由26

卷构成，是一部关于动物的百科全书。这部著作中的前19卷可以说是对亚里士多德作品的解述。从13世纪末起，西方基督徒开始逐步重新审视亚里士多德的作品；最后几卷则借鉴了坎廷普雷的托马斯（在科隆时，托马斯是大阿尔伯特的学生）和几位中世纪作家的作品。但大阿尔伯特的书籍并非简单抄袭或改写，书中有很多个人观察，用当代人的话也可以称之为“实地考察”。大阿尔伯特不仅咨询了科隆和其他地方的游客与商人，1254年，当他抵达弗里斯时，他亲眼在北海边见证了一头鲸的搁浅及人们对其尸体的分割过程。在他的动物学巨著中贡献给鲸的章节篇幅较长，且内容充实。他的文字与动物寓言作品相去甚远，与当代人类对鲸的认知也不相同。大阿尔伯特属于他的时代，而非当代。

和他的前辈一样，大阿尔伯特也将鲸看作一种鱼，“最大的鱼”。他将雄性鲸称作*cetus*，雌性为*balena*。他写道，不论雌雄，所有鲸的脑袋都很大，头上长着同样硕大且令人恐惧的眼睛（他写道，鲸的眼眶里可以站下15到20个人）。鲸的睫毛长似犄角，有时甚至能达8古法尺（约2.5米）长。鲸身体的其他部分都尺寸非凡：尾巴长24古法尺（7.5米），骨架甚至比房子还大，从它的嘴里吐出的水足以掀翻许多船只。大阿尔伯特在书中说，他在弗里斯见到的搁浅的鲸身上切下的肉和骨头“装满了300辆推车”，从它头上提取出“40瓮高纯油脂”。大阿尔伯特有时会借鉴普林尼的作品，和后者一样，他也展现出对各种“记录”的迷恋。

在大阿尔伯特书的后半，夸张的描述变少，富有教育意义的段落变多。他解释道，鲸的种类很多，最大的鲸周身长满毛，其他鲸皮肤更薄且更光滑，因此更容易被鱼叉攻击；一些鲸有牙，另一些没有。没有牙的鲸的嘴部结构“更适合吸吮而不是咀嚼”，它们的“肉也更美味”。有些鲸的牙齿非常大，尤其是犬齿甚至可以长到4肘（约1.6米），它们“和大象或野猪的犬齿一样又细又长，顶端带尖”。大阿尔伯特继续写道，和鱼类不同，鲸没有鳃，它通过“额头上管子一样”的东西呼吸。雄性个体的阴茎和睾丸并不外露，均缩在身体内部，因为北部海域的海水温度较低，同时也是为了不妨碍这个庞然大物在水中的游泳动作。性器官勃起时会变得异常巨大。交配季节来临时，雄性个体会为了夺取交配权大打出手，此时，整个海洋都被搅动。斗争失败的雄性鲸会潜入海底以掩饰自己的耻辱。另外，它会用大吃特吃抚慰自己。如此一来，它会迅速增肥。成功取得交配权的胜者会“像人类一样，雄性在上”，雌性在下进行交配。交尾过程很短暂，雄性精液数量充沛，但绝大多数会流入海水中，成为龙涎香*。龙涎香是“非常珍贵的用于治疗发热和

* 在西方被称作“灰琥珀”。

海象还是鲸?

在配有彩色插图的动物寓言作品中，图画上的形象有时会融合多种动物特征。上图创作于13世纪，插画家既没见过鲸也没见过海象。为了给雌性鲸配插图，他创作出一个长着利牙的形象，这牙看上去和海象相似。在其他动物寓言作品中，鲸的形象也被呈现得千奇百怪，但都介于鱼和海洋哺乳动物之间，从没有哪幅图上的鲸长着如此这般的牙齿。

拉丁语动物寓言作品，约克，约1275～1290年。伦敦，威斯敏斯特教堂图书馆，MS 22，第48页反面

流涕的原料”。大阿尔伯特强调，某些作者认为在雄性鲸漫长的一生中只能交配一次，但他不同意这样的观点。

雌性鲸一次只产一只幼崽，小鲸在生命的前三四年里紧随母亲生活。此时正是捕杀的好时机，因为当它独立生活后体形就太大、太强壮了。大阿尔伯特描述的捕鲸场面和坎廷普雷的托马斯如出一辙。大阿尔伯特只对投射鱼叉的细节进行了补充，他说，鱼叉可以是徒手掷出也可以通过弩炮射出。另外，他还描述了一种危险度更低，使用范围更广泛的捕鲸之术：当饥饿的鲸尾随鲱鱼群游弋时，将鲱鱼群引向海岸或港湾，致使孤身捕猎的鲸搁浅。这样会更容易攻击它，将它置于死地。

中世纪末期，大阿尔伯特的《论动物》的影响力不如坎廷普雷的托马斯所著的《事物本性》，可能因为后者更易读，也更易借鉴。大阿尔伯特的著作中提到了许多可以从海洋中获取的药品，吸引了许多医书作者的关注。16世纪，两位动物学著作的编纂者康拉德·格斯纳（1516～1565）和乌利塞·阿尔德罗万迪对大阿尔伯特的作品进行了深入了解并从中借鉴了不少内容，之后，他们的作品又被17世纪的博物学家引用、借鉴。

另一位和大阿尔伯特及托马斯同时期的作品也在鲸上花费了不少笔墨——《帝鉴》。这是一部写给王子们的宝鉴，准确地说是挪威国王哈康四世写给两个儿子——小哈康和未来的马格努斯六世——的教科书。书中内容写于1250～1255年，以古斯堪的纳维亚语写就，名为《帝鉴》，作者不详。很久之后，它才被翻译成拉丁语。此书以父子对话的方式介绍了一个博学多识的年轻王子应该掌握的一切知识，涉及自然、地理、商贸、捕猎、渔业、战争、道德、司法、宫廷生活、礼仪规范、骑士制度等。《帝鉴》的第一章与海洋动物有关，在“冰岛及相邻海域中的奇观”及格陵兰岛相关的段落中作者着重提到鲸。书中描述了22种不同的鲸，其身形大小、颜色、习性、解剖学特征各不相同：有的有牙，有的没牙；有的有毛，有的没毛；有的有肉峰，有的没有；有的会喷水，有的不会。和某些北欧神话类似，书中对于最凶残的鲸有非常详细的描写。水手们甚至不敢提及这种鲸的名号，生怕惊扰、惹怒这头巨兽。在这些鲸中，最可怕、最神秘的当数*hrosshvalr*，直译为“马鲸”，这种鲸长着巨大的、吓人的眼睛：

> 有两种鲸，虽然体形较小，但对水手却异常凶残，总试图杀死他们。一种名为*hrosshvalr*（直译为“马鲸”），另一种名为*raudkembingr*（直译为“红刷子”），因为它的毛发近橙红色。它们既凶恶又贪吃，好像永远吃不饱，对杀戮乐此不疲。它们体长30～40古尺（约20～30米），在全世界的海洋里搜索、追逐船只。一发现船只，它们便会跳出水面，用身体砸向船只，使其沉没。它们是撒旦的创造物，

是人类的敌人，它们坚毅的眼神足以让人吓破胆。它们的名讳是绝对的禁忌，肉身也绝对不能食用。（《帝鉴》，根据H. 艾纳尔森的拉丁语译本，1768年，第一卷，12）

人们一直试图破译这两种怪物到底是何种动物的化身，然而大家的努力几乎是徒劳，这番探索也没为我们对中世纪的知识、实践和信仰的认知突破做出更多的贡献。另外，用现代动物学知识纠正坎廷普雷的托马斯和大阿尔伯特所谓的“错误”也是不合时宜、毫无意义的。一来，因为历史不应这样书写；二来，你我如今的认知也并非真理，只不过是当下这一历史时期的阶段性成果而已。当代人的认知也会被我们的子孙后代嘲笑，就像我们偶尔会嘲笑12、13世纪百科全书或动物寓言作品中的观点一样。

3 从大海到印刷书籍

◂ **圆形海洋**

在亚里士多德之后，绝大多数中世纪学者都认为地球为球形，但绝大多数的插画家仍倾向于将其绘成被分为三部分（欧洲、亚洲、非洲）的圆盘形。他们这样做也许并非因为无知，仅因为这样更方便绘制。这个圆盘被一片无法跨越的大洋包围。大洋中生活着各种奇异动物，一些类似肆意拼凑的“四不像”，另一些则恐怖如怪物。鲸，因它的个头巨大且习性特别，是类似的插画中经常出现的形象。

巴特洛迈乌斯·安戈里克斯，《物之属性》。埃夫拉尔·德·埃斯潘克斯所作的彩绘细密画，约1475～1480年。巴黎，国家图书馆，ms. fr. 9140，第226页反面如今，人类对鲸和其他巨型海洋动物的认知相比从前发生了翻天覆地的变化。动物寓言作品的时代已经终结。随着最新航海实践的进行和离海岸越来越远的远洋探索，人类对海洋的描绘变得更加清晰、具体。人类对海洋的恐惧逐渐减弱。通过一次又一次跨越大洋的冒险，人类逐渐构建起新旧世界的联系。指南针的普及、地图绘制术和天文学的进步以及造船业的发展（造船用时越来越短，船只越来越便于操控，越来越坚固；15世纪中期，人类发明出小快艇）让人类可以去远离陆地的远洋探索。与此同时，水手、渔民、旅行者得以亲眼目睹许多他们不认识的海洋动物。随着时间的推移，人们不仅学会区分齿鲸与须鲸，甚至可以区分鲸的不同种类。中世纪，人们只了解生活在靠近海岸地区的鲸。16、17世纪，人们开始了解生活在更深水域、更靠北的海域中的鲸：它们体形更大、更重，样貌更令人震惊，为人类提供大量不同类型的产品。同时，捕鲸业也在大踏步地前进，为人类认知的发展做出巨大贡献，使人类对庞大的鲸家族的分类更细化，同时为鲸找到许多“近亲”。如今，我们将这些动物统称为“鲸目动物”。

诚然，人类认知的发展过程相当缓慢。在16世纪的动物学巨著中还能看到不少中世纪作品的影响，但两个世纪后，中世纪的动物学认知的影响逐渐消失不见。

文学很早就印证了这种知识上的更替。拉伯雷的《第四部书》的最终版于1552年出版，书中第33、34章，庞大固埃、巴汝奇和随从们在公海上遇到了巨鲸（抹香鲸）。巴汝奇是个思想落后的人，他以为遇到了海怪，类似“准备吞掉安德洛墨达”的海怪，或者“《圣经》中提到的利维坦”。相反，庞大固埃则是拥有大智慧、思想与时俱进的人，他明白眼前的生物并非超自然生物而是一种体形庞大的动物，也许是鲸的近亲。鲸呼吸的方式很奇怪，可以喷出大量的水。因此，即便眼前的巨兽尾巴异常庞大，庞大固埃也丝毫不畏惧。他勇敢地面对它，成功地击中它，最后用木棍打死它，“最终，像死鱼一样，巨鲸也肚皮朝上，浮在水面上”。在当时，即便像拉伯雷一样博学、醉心自然科学的作者（别忘了，除了作家，他还是医生），抹香鲸和其他鲸一样，在他们眼中仍然是一种鱼。

最初的捕鲸活动

从欧洲人开始捕鲸起，这就是一个异常艰难的工作。偶有某些间接的、可信度较低的证据出现，让人认为捕鲸活动也许可以上溯至史前时期。如今，我们知道这并非事实，至少在欧洲并非如此。另外，古代人似乎对捕鲸并无太大兴趣，但他们可以在海边不时看到鲸，或者切分在岸边搁浅的鲸。正如前文中提到的，亚里士多德的作品里已经精确地描述过这种动物，并指出高卢和印度附近海域（即大西洋和印度洋）的鲸比人们偶尔在地中海发现的鲸大得多。

对于中世纪而言，若想给捕鲸断定一个准确的时代，需要首先明确何为"捕鲸"。将鲸逼到小港湾或峡湾迫使其自行搁浅，之后将其杀死拖回岸边，这样的行为算不算"捕鲸"？如果算的话，这种行为在挪威岸边早已存在（也许可以上溯至新石器时代末期）；在冰岛、爱尔兰、英国、弗拉芒、庇卡底、诺曼底沿岸，封建社会时期也已经出现，甚至若我们引用某些圣徒传记（如写于约875年的《圣瓦斯特的圣迹》）为例证，也许从加洛林王朝时期就开始了；另外，几乎在以上所有地方，各种法律或税务文件上很早就出现搁浅税、拖拽税、分割税的核定金额和收缴监管方式。但类似的行为真的可以被称作"捕鲸"吗？"捕鲸"一词是当代文明的产物，在此之前这个词从未出现过。中世纪，人们会用"垂钓"一词。事实上，对于中世纪动物学而言，鲸是一种鱼，一种体形巨大的鱼，鲸只能被"钓"，谈不上被"捕"。中世纪水手们"钓鲸"时用的工具、开的船、采用的技巧、使用的专属动作和叫声都与犬猎毫无关系，而更像垂钓，只不过是比较特殊的垂钓。

不论在挪威、冰岛、北海沿海还是比斯开湾沿岸，捕鲸局限于沿海区域，且在历史上，人类的捕鲸行为主要针对如今被称作“露脊鲸”的动物群体。露脊鲸体长约15米，体重50～100吨。如今，露脊鲸已濒临灭绝。在中世纪及现代文明早期，在北大西洋中，它的数量相当丰富。这种海洋动物游速相对较慢，习惯在繁殖季靠近海岸，在历史文献中，它经常被称作“巴斯克鲸”，因为巴斯克人是历史上第一批（从12世纪起）频繁捕捉露脊鲸的民族。中世纪末期，捕捉露脊鲸成为某种产业革命前的生产活动，养活了比斯开湾的一部分人口。很多城市甚至在自己的城市徽章上刻上较为写实的捕鲸场面，如比亚里茨和富恩特拉比亚的城市徽章。这些场面与前文中已经提到的坎廷普雷的托马斯和大阿尔伯特的描述如出一辙，与和圣路易相当亲近的多明我修士博韦的樊尚的描述也非常接近。樊尚与托马斯和大阿尔伯特生活的时代几乎相同，他于约1257～1258年完成了有关自然历史的鸿篇巨制《自然鉴》（32卷，3718章），其中出现过对捕鲸过程的详细描写。

若以前文提到的巴斯克人的方式捕鲸，则需要在秋天或初冬开始行动。需由多艘小艇共同合作，每艘小艇乘载6到10名水手，依次对鲸进行搜寻、定位、包围。之后，开始敲鼓吹号或击钹，因为鲸对声响和音乐非常敏感。最勇敢的两三名水手立在小艇前端，趁鲸陶醉在声响中时直接将许多硕大的、带有尖齿的鱼叉插入它的脊背。在完成这一系列操作后，水手必须立即离开，逃得越远越好，因为受伤的鲸会疯狂摆动身体，然

▸ **富恩特拉比亚城市徽章**

富恩特拉比亚位于西班牙纳瓦拉省，主要生产活动为捕鲸。捕鲸在当地的历史似乎非常悠久，因为在其可追溯至14世纪初的城市徽章上已经可以看到载着桨手、鱼叉手、网、长矛、鱼叉的船只图样和一条像极了大鱼的鲸的形象。

一份1310年文件上的蜡印。巴黎，国家档案馆，印章D11326（模制件）

◂ **比亚里茨城市徽章**

这个场面展示了14世纪比亚里茨水手们的主要活动——捕鲸。尽管徽章直径较小，精工细作的雕刻技术足以让人辨认出在摇摇欲坠的小船上，有三位桨手、一位手持鱼叉的水手、一位执掌侧舵的水手和一张大网。画面的前景中，在激流中游弋的鲸清晰可见。

一份1351年文件上的蜡印。巴黎，国家档案馆，印章F3875（模制件）

而这样的动作会将它的伤口撕扯得更大。捕鲸的水手们在远处静静看着鲸苦苦挣扎，直到沉入海底，之后再浮上海面，用尾巴猛击水面，以期挣脱身上的鱼叉和绳索。最终，鲸筋疲力尽，不再反抗，只能静静等死。此时，水手们再小心靠近鲸，将它慢慢包围，用长矛和长枪给它最后的致命一击。之后，他们用缆绳将鲸捆好，用一张巨大的网将它套住。至此，水手们凯旋而归，拖着鲸回到岸边，并就地切分尸体。鲸被认为是“上帝的恩赐”，可以为人类提供各种产品：鲸浑身都是宝，没有一丝浪费，所有东西都有用。领主、修道院和各级官员要么以什一税的方式，要么以实物的方式从中抽取自己的份额。鲸的舌头被认为是美味珍馐的食材，专供领主、主教或修道院长。

鲸肉有时会被直接食用，但人们更常将它风干、盐渍（是大斋戒期间可以食用的食物）或烟熏。鲸身上含有大量油脂，在各领域都有大用途，尤其被用于照明、餐饮和供暖。鲸的皮肤异常厚实，人们会用它做包、鞋或皮衣，还可以做胶水，中世纪的西方人对此消费量巨大。鲸骨能做成各式家具、物品或器具。鲸须是一种有弹性的材料，尺寸很大，和鲸骨一样，也可以用于制作各种手工艺品。在伦敦的大英博物馆保存着一个通体为鲸骨制成的圣物盒，表面饰有丰富的雕刻画，画面包罗万象，祈福场面和捕猎场面交替出现，还有许多用北欧语言写就的铭文和拉丁语铭文。这件物品在约1850年时在法国奥弗涅

奥宗出土的圣物盒

很早以前，鲸须和鲸骨已经开始被用于制作各种物品，如家具或器皿。这些物品有些与物质文明有关，另一些则属于艺术创作。19世纪，在法国奥弗涅大区的奥宗出土的圣物盒即是其中之一。这件器具的镶板上饰有雕刻在鲸骨上的内容丰富的装饰画。装饰画的内容繁杂，有狩猎场面、罗马历史（罗慕路斯与雷穆斯）、《圣经》故事（三王来朝）及祈福图样，很多拉丁语或其他语言的铭文，还有许多北欧文字写就的铭文。这件物品似乎来自英国北部，时间可追溯至约8世纪末或9世纪初的维京统治初期。

弗兰克斯方盒（奥宗出土的圣物盒），伦敦，大英博物馆，英国、欧洲和史前文物部，Inv.1867.0120.1

大区被发现，其历史似乎可以追溯至8世纪，制作地为英国北部（名为弗兰克斯方盒或奥宗出土的圣物盒）。在德国北部布伦瑞克的安东乌尔里希公爵美术馆也有一个类似的小圣物盒。它的体积更小，历史也许更接近现代。它用青铜围出房子似的框架，壁板为鲸骨材料。在其他地方，也曾发现用鲸的完整的脊椎制作的座椅；在欧洲北部，有时也会发现鲸的肋骨碎片，可能是之前被用作栅栏或围栏的鲸骨。

以上并非全部，鲸还能带来其他产品和材料。鲸的肠和腱一旦被晒干，可以被用作缆绳，比其他任何缆绳都耐用；其他内脏和血液有时会被用作肥料。鲸身上的一切都能被利用，人们不会将它身体上的任何部分丢弃在自然中，或留给其他寄生虫。人们甚至会将漂浮在海面上的抹香鲸肠内的分泌物——龙涎香——用在医学或制香领域。龙涎香罕见又昂贵，有时甚至贵过黄金。18世纪前，人们并不知道龙涎香的由来，因此它显得更为珍贵。许多神话与龙涎香有关。除此之外，抹香鲸还能产出一种价值连城的材料——鲸蜡。它色泽微白，泛着油光，呈半透明状。人们认为它具有神奇的疗愈功效。在很长一段时间内，人们都不知道这是藏在抹香鲸头部的物质，而误认为这是鲸的精子，这也是当代人将其命名为*spermaceti*（意为“鲸的精子”）的原因。鲸蜡被广泛应用于制药、化妆品、制蜡或制作高级香皂。

从15世纪末起，比斯开湾的鲸数量骤减，开始变得稀少。

巴斯克人为了捕鲸不得不远航。为此，他们需要抛弃以前的小艇，改用大帆船。另外，需要和诺曼底、布列塔尼的水手合作，以便前往遥远的北部海域，尽量接近法罗群岛、冰岛甚至圣劳伦斯河河口。因此，他们与斯堪的纳维亚的水手形成竞争关系，尤其是挪威人。后者为了捕鲸也不得不离开自己的小峡湾。这些远洋行动将“钓”鲸逐渐变成真正的“捕”鲸。“捕鲸”一词也从此时开始出现。水手们出海的时间变长，面对的海域更加危险，使用的工具和技术更加先进。更重要的是，他们要面对更大的风险，不仅限于身体与设备上的风险，还有财力上的。每次远洋都需要巨额的财富支持，拟定各种条款精细的合同、保险与协议。捕鲸变成一种生意。巴斯克人不再能拔得头筹，他们不得不让位于北欧海上的霸主——英国人和荷兰人。荷兰人雇用巴斯克人作为鱼叉手和剥皮工人，因为即便分割、贮藏鲸的技术已经更新，但巴斯克人先祖遗留下的技术依旧实用。当时，人们已经开始直接在船上融化鲸脂，然后将收集到的油脂贮存在大桶中。

捕鲸活动变得非常频繁。1596年，荷兰探险家威廉·巴伦支试图找寻一条向北进发最终通往中国的水路，其间他意外发现了斯匹次卑尔根群岛。该群岛位于挪威北部，格陵兰岛东北部，在一年中的某个时节，此处经常有鲸光顾。很快，此地成了捕鲸圣地。1600～1610年间，在斯匹次卑尔根岸边建立了很

“大鱼吃小鱼”

和其他动物不同，鱼很少出现在谚语中。但有一句古老的谚语，很多欧洲语言中都有类似的说法，用来表达弱肉强食的自然法则：“大鱼吃小鱼。”这句谚语催生了很多美术作品，尤其是版画。弗拉芒艺术家皮特·范·德尔·海登将受博斯影响严重的勃鲁盖尔的画制作成版画。皮特选择了这句谚语的拉丁文版本：*Grandibus exigui sunt pisces piscibus esca*（直译为“小鱼是大鱼的食物”）。

皮特·范·德尔·海登的版画作品，依皮特·勃鲁盖尔的画而制，1557年。阿姆斯特丹，荷兰国家博物馆

多捕鲸联盟，之后，这些联盟成为临时的捕鲸站，后来，在捕鲸季来临时，这些捕鲸站甚至像一个个真正的小城市：有仓库，有各种功能的作坊，有巨大的炼鲸炉，还有各种各样的商铺。夏天，这些商铺服务的对象超过一万人。斯米伦堡就是当时颇具规模的捕鲸站之一，斯米伦堡直译为“鲸脂村”。

频繁的捕鲸活动以及随之而发展的与鲸产品相关的产业只繁荣了约半个世纪。从17世纪70年代起，资源开始枯竭：由于人类捕杀过度，幸存的鲸开始向西迁移，进入加拿大拉布拉多及东北部沿岸海域。斯匹次卑尔根的捕鲸站开始消失，荷兰人之前享受的由鲸带来的巨大财富也不复存在。

奥劳斯·马格努斯的鲸

16世纪的动物学在谈到鲸或其他巨型海洋动物时出现了两种论调。一方面，足以见得中世纪动物寓言作品对这一时期动物学的影响，因为人们还是会将这种动物看作撒旦的创造物，残忍又可置人于死地；另一方面，亚里士多德作品的影响、水手们的观察记录及捕鲸后切分鲸过程中的发现也体现在这一时期的动物学认知上。此时，无论是在远洋还是在海滨地区，捕鲸早已是寻常事。有时，在同一篇文章中，人们既能读到对主要鲸目动物精确的分类，又能看到许多想入非非的荒唐话，多是对鲸外形、习性或残忍程度的描述。文字如此，版画上呈现的画面亦是如此。版画的数量随着历史的推进越来越多。有些版画试图呈现鲸的主要家族，将长须鲸与抹香鲸、虎鲸等区分开；另一些则继续将鲸塑造成四不像的怪物，经常长着人或猪的脑袋、蛇一样的尾巴、龙一样的爪子和脊背，有的甚至还长着尖利的犄角、锋利的背棘和巨大的犬齿。瑞典主教奥劳斯·马格努斯（1490～1557）于1539年在威尼斯出版的《海图》即属于后者。这部作品值得我们好好品味。

奥劳斯·马格努斯是乌普萨拉最后一任大主教。在担此重任之前，他曾游历了许多地方。他的教育一部分在德国完成，很早他就开始频繁出入图书馆，因此，他不仅具备丰富的神学知识，在历史、地理等方面也非常博学。当他还是一位年轻的教士时（1518～1519），就曾去斯堪的纳维亚半岛的北部收税、

▼ **奥劳斯·马格努斯的《海图》**

因宗教改革而被祖国驱逐的瑞典人奥劳斯·马格努斯（1490～1557），乌普萨拉最后一任大主教，在游历千山万水后藏身于意大利。为了让人更好地了解他的故乡，他用9页纸绘制了一幅巨型北欧及北极海域地图，之后在威尼斯请人雕刻、印刷。图上绘有斯堪的纳维亚半岛、波罗的海周边国家和俄罗斯西部、苏格兰北部、冰岛、格陵兰岛的一部分及传说中的图勒岛。

奥劳斯·马格努斯，《海图：北方陆地、海洋、奇观描述》，威尼斯，1539年。此处为安东尼奥·拉弗雷里的复制品，1572年雕刻完成。巴黎，瑞典文化中心，马尔勒宫

兜售赎罪券。他游览了瑞典北部多个省份、挪威沿海、罗弗敦群岛、萨米人的故乡等，观察了动植物及居民的生活方式和活动，收集了各种有关传统、神话的信息和各种类型的事例。这些都成为他的巨著《北方民族简史》的珍贵素材。然而，因为新教改革，他被祖国驱逐。因此，他再次开始在欧洲的旅行。之后，他在威尼斯和罗马定居，并最终客死罗马。1544年，教皇在罗马将他任命为乌普萨拉大主教，但仅能算作名誉主教，因为瑞典早在十多年前就已成为路德教国家。在罗马，奥劳斯·马格努斯受教皇和红衣主教的庇护，经常出入人文主义圈子，并成立印刷厂，成为出版商，发行了多部书籍，同时与许多博学之士进行了大量的书信往来。

1525～1527年，奥劳斯·马格努斯希望让世人更好地了解他的祖国，甚至整个斯堪的纳维亚地区。在旅途中，他逐渐了解到，人们有关北欧地区和人民的认识存在许多偏差。因此，他着手绘制一幅大地图，并于1539年雕刻、翻印出版。他将此图命名为《海图：北方陆地、海洋、奇观描述》。若将他创作的9幅地图放在一起，可以拼凑成一个近似125厘米×170厘米的长方形。图上呈现出整个斯堪的纳维亚地区，包括芬兰、俄罗斯西部、波罗的海沿岸国家、苏格兰北部、法罗群岛、冰岛、格陵兰岛东海岸和传说中的岛屿图勒岛。传说在图勒岛周边海域生活着大量鲸和“巨型海洋生物”。事实上，地图左侧的北大

ISLANDIA
MARE GLACIALE
FARE
TILE
BALENA
ORCA
ORCADES XXXIII
HETLANDIA
HELGALANDIA
NORMORIA
NORVEGIA Regnum
TOTEN
HETMARCHIA
TILEMARCHIA
SOLOGIA
SCUTENES
MARE DEVCALIDONICVM
SCOTIAE PARS
OCCIANVS BRITANICVS
ANGLIAE PARS
MARE GERMANICVM
DANIA
AIVTHIA
FIONIA
SELANDIA
HOLSATHIA
FRISIA ORIENTALIS
FRISIA OCCIDENTALIS
HOLLANDIA
SAXONIA
GEOGRAPHIAE STVDIOSO TYPOGRAPHVS.
Scala milliarium Italicorum

FINMARCHIA
SCRICFINNIA
BIARMIA
LACVS ALBVS
LAPPIA OCCIDENTALIS
LAPPIA ORIENTALIS
MARE BOTNICV
BOTNIA OCCIDENTALIS
CARELIA
ANGERMANNIA
MEDELPADIA
TAVASTIA
MARE SVETICVM
FINLANDIA
MARE FINONICVM
MOSCOVIE PARS
GESTRICIA
VPLANDIA
RVSSIA ALBA
LIVONIA AQVILONARIS
ESTHIA
MARE LIVOICVM
GOTLANDIA
MARE GOTHICVM
LIVONIA AVSTRALIS
CVRETES
RVSSIA
SAMOGETHIA
LITVANIE PARS

西洋中出现了三十多种海怪，个顶个儿地丑陋骇人：它们头带利角、长着利爪、浑身长毛、头发胡子也很茂密。这些海怪中没有一种长得像鲸，至少完全不像我们如今认知中的鲸。但是，其中有好几种都被定义为“鲸”（*balena*），另一些被认为是抹香鲸。还有一大堆被称作“巨兽”或“吓人的怪物”。值得注意的是，这些长相恐怖的动物都生活在挪威、冰岛和图勒岛之间的海域。它们兴风作浪，打翻船只，让水手溺水甚至将他们吃掉。然而在位于地图右侧的波罗的海中，完全看不到类似的生物，这片海域看起来风平浪静，非常适合商贸和捕鱼。在波罗的海北部被冰川覆盖的区域，人们甚至可以乘雪橇旅行。

奥劳斯·马格努斯的《海图》发行量很大，几经重印，被人大量复制、模仿。这是一幅富丽堂皇的地图，其目的不是帮助航行者指引方向，而是装饰墙壁或家具，让人了解欧洲北部的陆地与海洋，让人对陆地上的宝藏和海中的奇观想入非非。图上的动物形象尤其丰富：除了鲸与其他巨型海怪，还有海象、海豹、大型甲壳动物、各种各样的鱼、北极熊、棕熊、狼、野猪、狐狸、驯鹿、驼鹿、鹿、海狸、狼獾、獾、水獭、野兔、狸猫，各种鸟类包括鹈鹕以及各种蛇和龙，各种狗和马。这样的地图当然会让人想入非非，它构成了一幅真正的动物图志，同时也为人提供了地理和海洋知识。这幅地图绝对不会出现在船上，这也不是此图创作的目的，即便将它带上船也没有用。近代早期的地图因属性

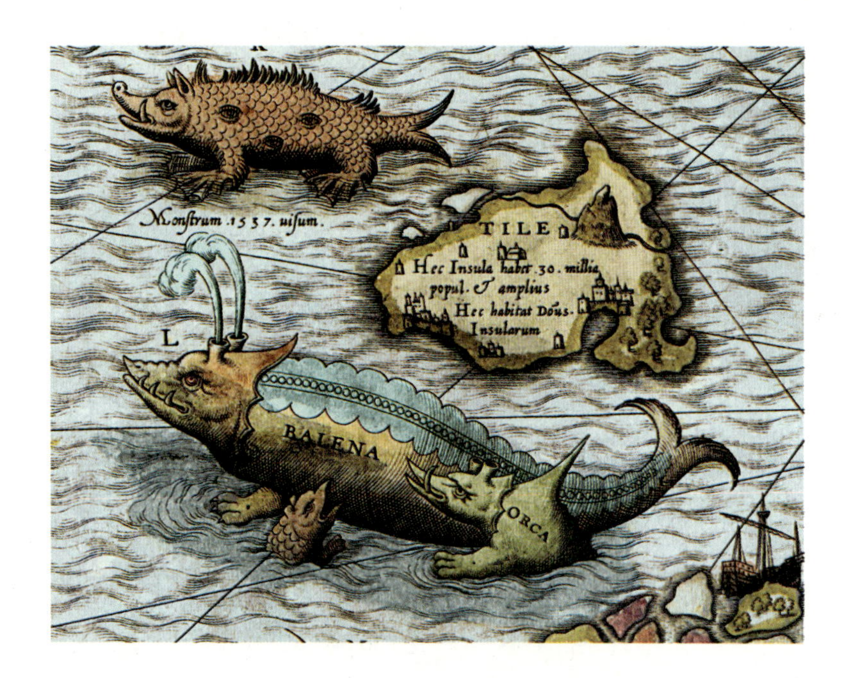

图勒岛和鲸

奥劳斯·马格努斯的地图上描绘了许多岛屿，有些是真实存在的，有些是传说中的。图勒岛便属于后者。公元前4世纪一位古希腊地理学家首次提及图勒岛。中世纪作家有时将它定位于法罗群岛与冰岛之间，有时将它定位于冰岛和格陵兰岛之间。虽然位置不确定，但所有作者都肯定地指出，在图勒岛附近的水域中生活着许多鲸和海怪。奥劳斯·马格努斯也引用了这一观点，他补充道，在图勒岛生活着“远方诸岛的国王”，这是一位神秘的统治者，某些与亚瑟王相关的小说曾经提到他，有些作者认为他是兰斯洛特的朋友——英勇的伽利豪特；另一些作者认为他是祭司王约翰。

奥劳斯·马格努斯，《海图：北方陆地、海洋、奇观描述》，威尼斯，1539年（细节部分）

300 · pedum
Amora sperma
Ceti
P

北方的鲸和怪物

在奥劳斯·马格努斯的《海图》中，许多“可怕的怪物”（monstra horrenda）在北极海域中游弋。它们与各种同样丑陋、骇人的鲸为邻。前者形似龙或巨蛇；在中世纪动物寓言中经常能读到后者被水手误认为岛屿的桥段，水手们甚至会在这些“岛屿”上生火取暖。

奥劳斯·马格努斯，《海图：北方陆地、海洋、奇观描述》，威尼斯，1539年（细节部分）

与规格不同，用途也不尽相同。有些地图确实服务于水手，与水手一起经历海上的危险；一些地图服务于其资金提供者或者待在陆地上的商人，它们帮助商人描绘出他们资助的远征船队的路线，帮助他们了解自己船队的行进阶段；另一些地图则主要用于装饰，它们经常出现在珍奇屋中，被展示在独角兽的角、伪造的马宝和“用油炸过”的鳄鱼（为制成标本）之间。

奥劳斯·马格努斯的地图取得了巨大的成功，十六年后，即1555年，他在罗马出版的著作更加有名。那是一部宏伟的著作，一部真正的有关北欧人民与地区的百科全书，集该地区不为人熟知的历史、地理、气候、自然历史、法规、活动、风俗习惯、神话传说、迷信、奇迹奇观于一体。该著作名为《北方民族简史》。在出版业上，它的成功不仅是爆炸式的而且是持续的：直到18世纪，孟德斯鸠还在参考其中的内容。该书用拉丁语写就，出版后迅速被翻译成意大利语及其他不同语言；同时，拉丁语、法语（1561）、德语、荷兰语的缩略版也开始问世，英文缩略版稍后出现。原版可谓一部概论：全书为816页对开本，简介部分非常长，包括各种目录、附录，共分为22部，777章，许多章节还配有木雕版画。最终出版的原版书籍中共包含476幅图：其中一些来自1539年出版的《海图》，另一些来自1530～1540年威尼斯出版的不同出版物，但其中绝大多数都是原创作品，要么基于奥劳斯·马格努斯提供的信息进行雕刻，要么基于奥劳斯·马格努斯亲手绘制的图画雕刻。奥劳斯·马格努斯曾多次强调书中插图的教育意义。

通过出版这部著作，奥劳斯·马格努斯希望世人更加了解自己的祖国——瑞典，同时希望突出瑞典人的品质：勇敢、正直、谨慎、高尚，纠正波罗的海南岸居民一直以来对北欧人民的刻板印象：他们并非野蛮粗俗的蛮族，而是文明开化的民族；他们生活在一片虽然气候严酷但仍然适于居住的地区，甚至有些区域还蕴含着丰富的资源。为此，奥劳斯翻遍笔记、穷尽自己的记忆，尤其是少年时代在斯堪的纳维亚北部游历的经历，同时他翻遍了威尼斯、罗马和其他地区丰富的书籍。作为一个旅行家，奥劳斯见多识广，但同时他也是一位博览群书的智者。

虽然大海不是书中的明星，但和《海图》一样，动物在《北方民族简史》中也占有重要地位。与航海、捕鱼、鱼类、海洋生物相关的内容被安排在了书籍的最后。书中有多个章节描写了鲸和与鲸类似的生物。书中没有新观点，要么引用动物寓言中的话，要么引用百科全书或其他动物学书籍中的内容。书中有两段捕鱼场面的详细描写，其中提到捕鱼时使用的鱼叉“使用机械推动而非人力”。之后，作者描写了分隔鲸的尸体的场面并罗列了人们从鲸身上可以获得的产品。和大阿尔伯特描述的一样，所有鲸产品可以装满“超过300辆货运马车”。之后，作者描述了鲸骨在北欧的用途：座椅、桌子、栅栏、篱笆、

ISLANDIA.
Privilegio Imp. et Belgico decennali
A. Ortel. excud. 1585
Septemtrio.
BLOE.
VVESTFIORDVNG
Glama.
NORDLEN DINGAFIOR DVNG.
Arnafelds Iokul
Getlandsiokul
Bald Iokul
Occidens
Sneuels Iokul
SKALHOLT sedes episcopalis, cui adiuncta est schola.
Fons cereuisialis, qui aliquando ob dominii sui auaritiam sedem mutauit.
Hiatus terræ fœtentes.
Equorum tanta hic velocitas, vt continuo cursu 20. milliaria conficiant.
Scala milliarum Islanduorum.
5 10 15 20

冰岛

在奥劳斯·马格努斯的地图上，冰岛的轮廓绘制相对准确。在当时，冰岛已经为人熟知。冰岛于9世纪被维京人发现，在1000年左右成为基督教国家，1262年失去独立地位，成为挪威的一部分，后被丹麦控制。中世纪末期，冰岛向欧洲大陆出口多种从巨型海洋生物身上提取的产品，尤其是须鲸、抹香鲸、逆戟鲸、海象。这些生物在《海图》中被描绘得与现实相去甚远。

奥劳斯·马格努斯,《海图：北方陆地、海洋、奇观描述》，威尼斯，1539年（细节部分）

隔板、门、屋顶，甚至可以用鲸胸廓的骨架做大型房屋的屋架。这些鲸骨“长达20～30尺”（约6～9米）。总的来说，在1555年的《北方民族简史》中，鲸不像在1539年的《海图》中那么可怕，有时，甚至可以激发人的好感。例如，在一个简短的章节中，奥劳斯强调了鲸展现出的母爱：

> 鲸爱自己的孩子，当幼崽体弱或生病时，它们会将孩子驮在背上；当幼崽还是乳儿时，若它们感到暴风雨即将来临，便会将幼崽卷在尾巴里，等风平浪静时再将它们放开。若幼崽不幸被困在陆上，已经入海的母鲸会用尾巴掀起巨量的水泼到幼崽身上，借此，后者可以重新游回大海。即便孩子稍微长大，母鲸也会一直陪伴、保护它们。因为鲸的生长速度很慢，要到十岁才能成年。（《北方民族简史》，XXII，14）

三本有关鱼类的书

16世纪中期是鱼类与水生动物作品的高产时期。在短短几年内，多部与这些动物相关的作品问世，这些作品部分地更新了人们对水中生物的认知，尤其凭借书中丰富的版画。它们大多为畅销书，且相互影响。后续出现多个版本，既有拉丁语版本，也有方言版本。作者间的借鉴行为非常常见，因此，很难界定某种新观点或者新看法的来源。除了专门的鱼类学（“鱼类学”一词18世纪才出现在法语中）书籍，还有动物学书籍中与鱼类和海洋生物有关的章节。有时，这些章节内容非常充实，甚至可以被看作一部独立著作，例如瑞士博物学家康拉德·格斯纳的《动物史》一书。该书分4卷，为对开本，从1551年开始在苏黎世出版。对于此书，此处先按下不表。让我们先来看一下专门的鱼类学书籍中有关鲸的片段。

对于当时所有作者来说，他们非常确定应将鲸归入鱼类，即使已经有很多人注意到鲸没有鳃只有气孔（位于鲸头顶的鼻孔），以及它们为胎生，且会哺乳幼崽。勒芒药剂师皮埃尔·贝隆（1517～1564）在1551～1555年间发表了三部与水生生物有关的著作，其中两部用法语写就，另一部为拉丁语著作。他的书中曾提到长须鲸，但有关内容明显少于海豚、鼠海豚甚至逆戟鲸。贝隆为海豚贡献了非常多的笔墨：他不仅重述了古人对海豚的研究，同时加上了自己的观察结果，他对活体海豚和海豚尸体都有过研究，他自称曾解剖过海豚。贝隆用大篇幅描述海豚和鼠海豚的内部结构。然而，对于长须鲸的描述显得异常简短。他在1551年出版的作品（《海中奇兽的自然历史》）中只对鲸进行了几处暗喻，在1555年出版的作品（《鱼类的习性和多样性》）中仅有一段简介。贝隆强调，鲸“是海洋中最大的鱼，人们可以通过其骨骼得出这一结论”，同时这种鱼“可掀起汹涌波涛，掀翻船只”，但值得庆幸的是人们可以借助听觉判断它的到来，因为“人们可以从很远的地方听到它发出类似打鼾的声音”。这份简介没有带来任何新知识，除了下面这句奇怪的说明：“……鲸无论是内部结构还是外部表征，都和猪非常相似。”大量的油脂可以证明这两种动物在解剖学上有相似之处吗？事实上，后世的一些作家也曾将鲸比作熊或其他动物，但更多的是将鲸比作河马。

就鲸而言，皮埃尔·贝隆最具创新性的发现在他著作的第三页，他用到了“鲸目动物”（cétacées）一词，并将该词定为阴性。对法语而言，他是最早使用这个词的作者之一。他不仅将许多大型海洋动物归入鲸目，还将很多小型海洋生物归入此类别，甚至还将某些生活在淡水中的动物归入其中：

> 最大的鱼被称作“鲸目动物”（就像大家都认为的那样），它们生活在海洋中，另一些体形更大的鱼生活在淡水中。海中的鲸目动物有长须鲸、抹香鲸、海豚、逆戟鲸、鼠海豚、海豹。生活在淡水中的鲸目动物有：河马、海狸、水獭及其他像陆地上的四足动物一样生育后代的动物。

以上段落节选自贝隆的著作，需要明确的是，作者用“chauderon”指抹香鲸，“l’oye de mer”指逆戟鲸，“veau marin”指海豹，“cheval marin”指河马（贝隆对此动物一无所知），“bievre”指海狸。

与贝隆同时代的医生、拉伯雷的朋友纪尧姆·龙德莱特（1507～1566）也使用过上面这些词。纪尧姆也是蒙彼利埃的著名教师，桃李满天下，他曾写过多部医学和博物学著作。他的著作《洋鱼志》于1554～1555年在里昂出版，共分两卷。四年后，由他的弟子洛朗·乔伯特译成法语，法语版定名为《鱼类通史》（*L’Histoire entière des poissons*）。这是一部有关水中动物的真正的百科全书，内含大量木雕版画。鲸目动物研究出现在第八部，共计50多页，约占全书的十分之一。和贝隆一样，纪尧姆的作品中所谓“鲸目动物”的范围也非常庞大，这一主题共被分为24章，不仅包含长须鲸、抹香鲸、海豚、逆戟鲸、鼠海豚，还包括鲨鱼、海牛、海豹、海象、各种海龟，甚至还有古代和中世纪动物寓言中出现的神奇动物，如美人鱼、海中仙女、海僧、海主教。最后这四种神奇动物各占简短的一章，但作者对它们的真实存在表示怀疑，被收录进作品，只是为了纪念；另外，纪尧姆也承认，他只是听说过神秘的公羊和海象，但他并不相信它们真实存在。

纪尧姆·龙德莱特对长须鲸非常了解，并且没有将它与抹

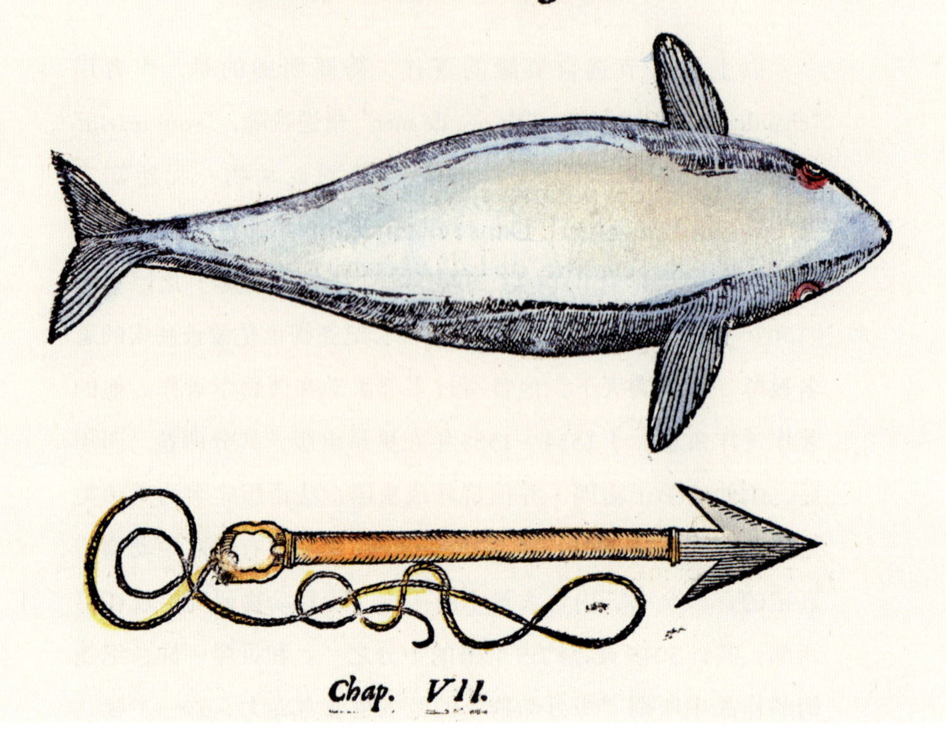

鱼叉，鲸的代表

16世纪中期，因为印刷书籍和版画的出现，捕鲸业开始被大众了解，甚至纪尧姆·龙德莱特有关鱼类的重要著作（1554年出版），将鲸和其他大型海洋动物区分开的标志不是它的巨大、不是它的身形、不是它长着鲸须的嘴，而是水手们捕鲸时用的鱼叉。

纪尧姆·龙德莱特的著作，洛朗·乔伯特译，《鱼类通史》，巴黎，梅塞·邦霍姆出版，1558年，第351页

香鲸、逆戟鲸混为一谈。他用两章来描写长须鲸：第一章有关远洋中体形巨大的鲸（纪尧姆将其称作*de musculo*，也许是蓝鲸或鳁鲸？）；第二章则有关比斯开湾和欧洲其他海滨的普通鲸（*de balena vera*）。和皮埃尔·贝隆一样，纪尧姆贡献给这两类鲸的笔墨都很有限。他转述了古代作家的观点（如奥比昂、埃利亚努斯、普鲁塔克），并肯定了其中的一部分内容。他描写了多种不同的捕鲸方式，强调逆戟鲸是他最大的敌人，最后他针对长须鲸肉提出疑问：人们到底可否在斋戒期间食用长须鲸的肉？龙德莱特认为答案是肯定的。因为长须鲸和逆戟鲸或抹香鲸不同，它们不吃其他鱼类的肉。因此，它的肉可以被看作"封斋期的脂肪"，是合理合法的。

贝隆和龙德莱特的作品出版后不到三年，他们有关鲸和其他鲸目动物的观点，被来自苏黎世的伟大博物学家康拉德·格斯纳引用并大量扩充。康拉德不仅是动物学家、植物学家，同时是医生、地理学家、文献学家、目录学家、百科全书作家，甚至还是一位登山者。他每年夏天都会走遍自己故乡的高山以寻找珍奇植物或奇特矿物。他的知识之渊博为他赢得了"瑞士普林尼"的美称，人们甚至将他称作"知识怪兽"。他的著作《动物史》于1551～1558年分4卷对开本在苏黎世出版，全书共4500多页：这是史上篇幅最长的动物百科全书。

该书第4卷专门用于研究鱼类和水生动物。这一卷共计

1052页，配有712幅木版画。和前3卷一样，格斯纳严格依照首字母排序分类法将有关海洋鱼类、淡水鱼类、鲸目动物和其他水生动物（如水獭、海狸、河马）的章节顺序排列，不遵循任何动物学关联逻辑。格斯纳深知这种分类方式的限制和不足，他承认由于该主题的过分庞杂，他并没有找到其他更令人满意的分类方式。同时，和四足动物与鸟类的部分一样，该部分中每一章都被分为8大部分，不论是有关哪类动物的部分都是一样的内容：动物在不同语言（古老的和现代的）中的命名，栖息地，形态学和内部结构，生理学特征、生长、繁殖和疾病，习性和与人类及其他物种的关系，捕猎、垂钓与养殖，人类可从此物种中获得的食物、产品及药品，最后，也许是对历史学家最有教育意义的部分——关于该动物在神话、传说、迷信、谚语、文学、专名学、派生词汇和内涵意义等领域的地位分析。为将容易被大众混淆的相似动物种类加以区分，格斯纳用了双重命名法（龙德莱特有时也会如此），即在品名后加一个品质形容词。18世纪时林奈完善了该命名法。居维叶曾评价格斯纳是“当代第一位动物学家”。这份肯定也许有点草率，毕竟在很多方面格斯纳更接近中世纪的百科全书家。

有关鲸的章节在第4卷114～123页。这一章内容丰富，字小行密，整本书的印刷排版都相当紧凑。因为首字母排序分类法的影响，抹香鲸（*phystrère*）在相当靠后的位置，在723～729

138 De Aquatilibus.

BALAENA ERECTA GRANDEM NAVEM SVBMERGENS.

Videntur & alia quædam cete ex eodem Balænis adnumeranda, quæ ipse simpliciter cete nominat, cum præter magnitudinem balænis præcipuè conuenientem, nullam in se corporis partem raram aut monstrosam habeant. Eiusmodi sunt:

CETVS INGENS, QVEM INCOLAE FARAE INSVLAE ICHthyophagi tempestatibus appulsum, unco comprehensum ferreo, securibus dissecant & partiuntur inter se.

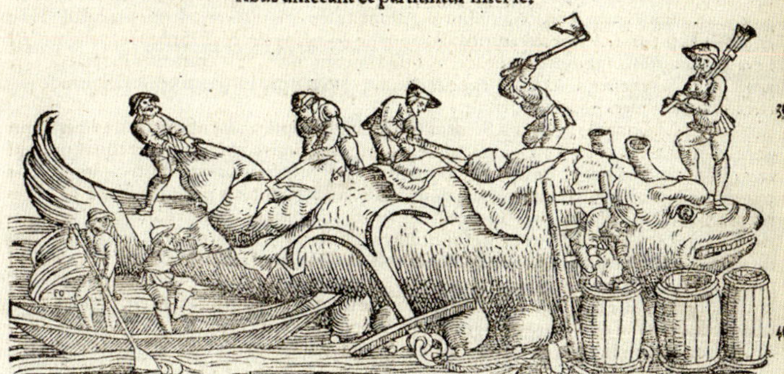

NAVTAE IN DORSA CETORVM, QVAE INSVLAS PVTANT, anchoras figentes sæpe periclitantur. Hos cetos Trolual sua lingua appellant, Germanicè Teüffelwal.

SIMILIS

格斯纳书中的鲸

格斯纳书中有关鲸的章节很长，无论针对更严格意义的动物学，还是捕鲸场景的细节描写，他都借鉴了许多前人思想。他在文中强调鲸并非海怪，但他书中的配图好像无法印证这种说法。插图中的鲸经常被塑造成满口利牙、兴风作浪的动物，它们肆意掀翻船只，吞食看到的一切。相反，书中有关肢解搁浅鲸和收集鲸脂的场景描写更加写实。

康拉德·格斯纳，《动物史 第4卷 鱼类与水生动物》，苏黎世，克里斯托夫·弗罗舍尔出版，1558年，第138～139页

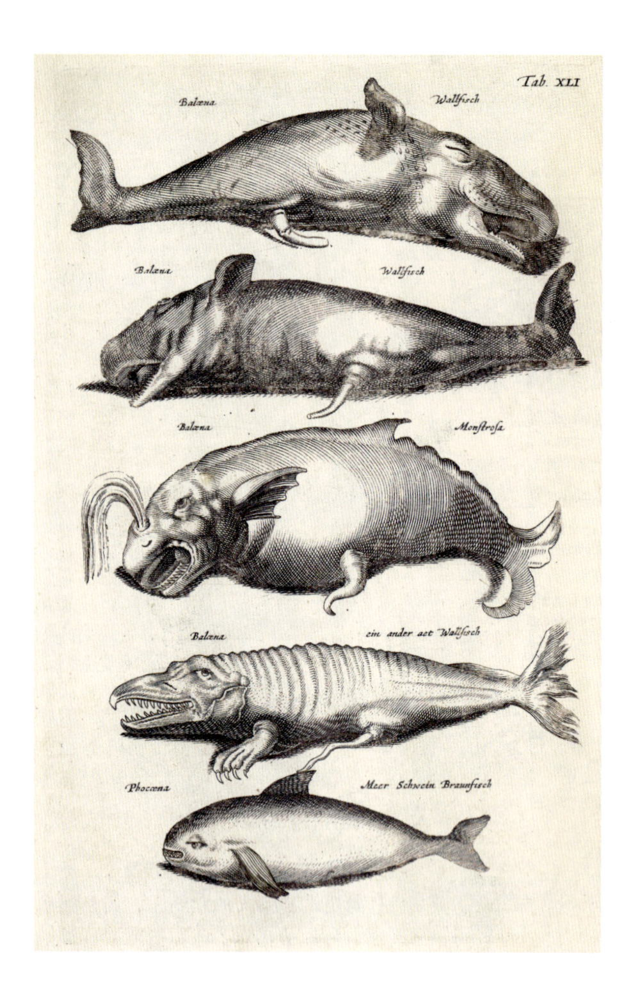

扬·琼斯顿笔下的鲸目动物

17世纪，有关鲸目动物的插图逐渐褪去了怪兽般的恐怖，更接近它们的真实样貌。荷兰博物学家扬·琼斯顿于1657年出版了一本著作，书中他极力将鲸目动物与鱼类加以区分。书中的一幅插画展现了三种抹香鲸（在书中都被称作*balaena*）及一种鼠海豚（在书中被称作*phocoena*），这四种动物基本接近如今我们认知中这些动物的长相。但还有另一个形象出现在画面上，但该形象和作者原本想描绘的“鲸”相去甚远，长得更像格斯纳描绘的两只脚的鳄鱼。

扬·琼斯顿，《鱼类与鲸类的自然史 第5卷 插图版》，阿姆斯特丹，J.J.希珀出版，1657年

页。在这两章中，格斯纳引用了许多古人观点（如亚里士多德、普林尼、奥比昂），同时他承认借鉴了皮埃尔·贝隆、纪尧姆·龙德莱特（是他在蒙彼利埃时的老师）和某位名叫夏普蓝的“巴约讷非常博学的医生”很多的观点。他强调鲸并非怪兽，并明确了长须鲸和抹香鲸、逆戟鲸和神秘的“鸮面鲸”（*ziphius*）之间的区别。鸮面鲸是一种嘴似鸟喙，长着两个巨大犬齿的动

物。格斯纳还在后文花较长篇幅描述了捕鲸和分解鲸尸体的场面。本章节中配有7幅版画，第一幅展示了鲸的俯视图，旁边是一个捕鲸用的鱼叉。第二幅为侧面图，展示了鲸的嘴巴与垂下的鲸须，鲸须看起来像倒挂的钩子，它的头顶喷射出高高的水柱。后4幅图与书中的文字描述相反，将鲸目动物塑造成了怪兽般的骇人形象，它们个个长着尖利的背脊和牙齿，兴风作浪、打翻船只，随时准备吞食一切——船员、货物甚至整艘船。分解鲸尸体的画面更加写实：八个人面对鲸的背部，划破皮、分割肉，将鲸油脂灌满一个个巨大的桶。在书中第718页，作者描写了抹香鲸的牙齿，这一口利牙让它成为恐怖的食肉动物，因此，它的肉不能在斋戒期食用，这一点和长须鲸不同。

从怪兽到鲸目动物

康拉德·格斯纳为使《动物史》更完整，于1553～1560年出版了三部带注释的版画作品，名为《动物图志》。书中重新呈现了《动物史》中的插图，另外加入了一些新内容。但是，在这部作品中，作者不再采用首字母分类法，而是使用动物学分类法。格斯纳尽力将不同动物用更科学的方式进行分类，既参考了亚里士多德的理论（如解剖学、生理学特征或繁殖情况等），又参考了不同物种的外部形象特征。虽然还有混淆情况的发生，但这种方法已经初现逻辑。《动物图志》中的第三部是针对鱼类与水生动物的。作者将这些动物分为十二“目”，第十二目中汇集了所有鲸目动物。在此处，作者呈现并评论了不同插图，插图上描绘了海豚、海豹、三种鲸（其中一种长相吓人，拥有两只利爪和一口尖牙）、逆戟鲸、抹香鲸、鼠海豚、海象和许多海怪。海怪包括两种雄性美人鱼、一种雌性美人鱼、特里同、海僧和海主教、海中怪兽及其他动物寓言中出现的海洋动物，如海狮、海牛、海狗、海中骏马、海犀牛（海犀牛和毒龙长得很像）。另外还有一种名叫鸮面鲸的海怪，它长着犄角、驼背、一身脓包，还有一口锋利的牙齿。作者明确表示鸮面鲸是一种专吃海豹的可怕的抹香鲸。

鸮面鲸（即居维叶笔下“长着鸟喙的鲸”）的近亲是著名的特罗鲁尔*——极其凶残的海中怪兽。特罗鲁尔在中世纪时还不为人所知，16世纪初开始出现在经常前往北部海域的水手和渔民的故事中。因此，奥劳斯·马格努斯在1539年出版的《海图》中描绘了它的形象，作者称它十分凶残，恶如魔鬼。1555年，奥劳斯在《北方民族简史》中再次提到这种海怪。格斯纳借鉴了奥劳斯的某些观点。这种长相独一无二的鲸——长着利爪、

* 也被称作“魔鬼鲸”。

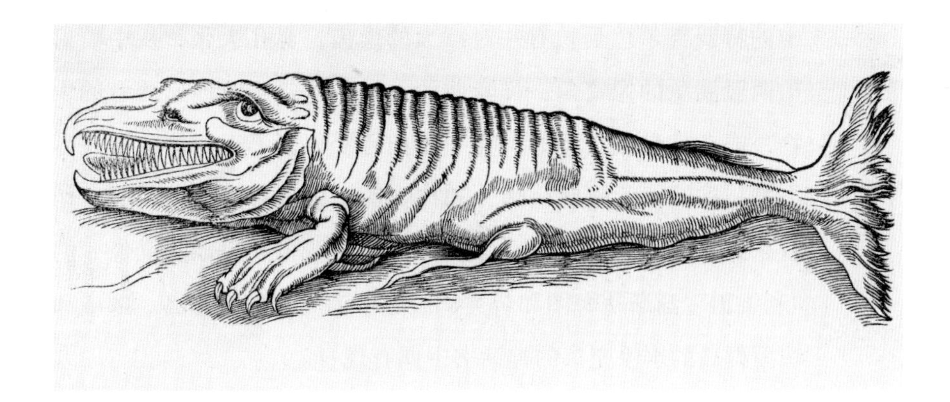

鲸–鳄鱼

为完善关于动物的百科全书，康拉德·格斯纳于1553～1560年出版了三部带注释的版画作品。书中不再使用首字母分类方式，而是用更系统的方式将动物分类。鲸目动物出现在最后一部的末尾。书中介绍了三种鲸，其中一种形似巨型鳄鱼。它长着极有力量的下颌、满口利齿、两只厚重巨大的利爪。这幅骇人的雕刻版画冲击着人们的想象力，在多部17世纪的动物学书籍中出现。

康拉德·格斯纳，《动物图志》，第三部，苏黎世，1560年

獠牙、头带尖刺——渐渐成为神话里的存在，因其诡计多端、性格古怪，人们将它和斯堪的纳维亚神话中的妖精（troll）联系在一起。因此，给它起名叫“特罗鲁尔”（trolual），意为“妖精鲸”（troll-baleine）。但它和北欧神话中的妖精外貌、行为都不一样。特罗鲁尔体形巨大，作恶多端。当它出没在北欧寒冷的海域中时，水手和渔民都胆战心惊。特罗鲁尔总是神出鬼没，所到之处皆成荒芜，它会吞食一切人和货物，甚至船只。插图

中的特罗鲁尔总是长有一对巨大的犬齿，鼻孔大张，从中喷射出两股湍急的像犄角一样弯曲的水柱。这是阴曹地府才有的生物，或者就是撒旦本尊。唯一能让特罗鲁尔不近身侧的方式是击鼓、敲钹或吹喇叭，因为和抹香鲸一样，特罗鲁尔讨厌一切音乐。直到18世纪，这种来自北方海域既像鲸目动物又像龙的“利维坦”渐渐从海图和鱼类学版画中消失，仅在冰岛、挪威和法罗群岛的水手兜售的神话书中偶有现身。

这就是近代鲸形象现状：它时而被看作海怪，和中世纪动物寓言中呈现出的形象别无二致；受到捕鲸业和科学进步的影响，它的形象时而非常接近当代人的认知。水手的游记和动物学著作加速了鲸形象双面性——既写实又魔幻——的传播。让·德·莱里的作品即是如此。让曾经朝着巴西的方向在海上进行远航（1555～1556），二十多年后，他发表了游记。在作品中他详细描述了航行中遇到的各种困难和各式“大鱼”，其中有些非常常见，如金枪鱼、鲷鱼、鼠海豚；另一些则比较稀奇，如一种会飞的鲸，它经常威胁船只（《巴西旅行故事》，1578，第3章）。

另一个将现实主义与神奇成分结合的例子是著名医生安布鲁瓦兹·帕雷。1573年，他出版作品《陆上与海上怪物大全》，该作品曾被多次再版，并被冠以各种不同的书名，且每个版本中皆补充了新内容。在书中，作者为鲸贡献了不少笔墨。安布

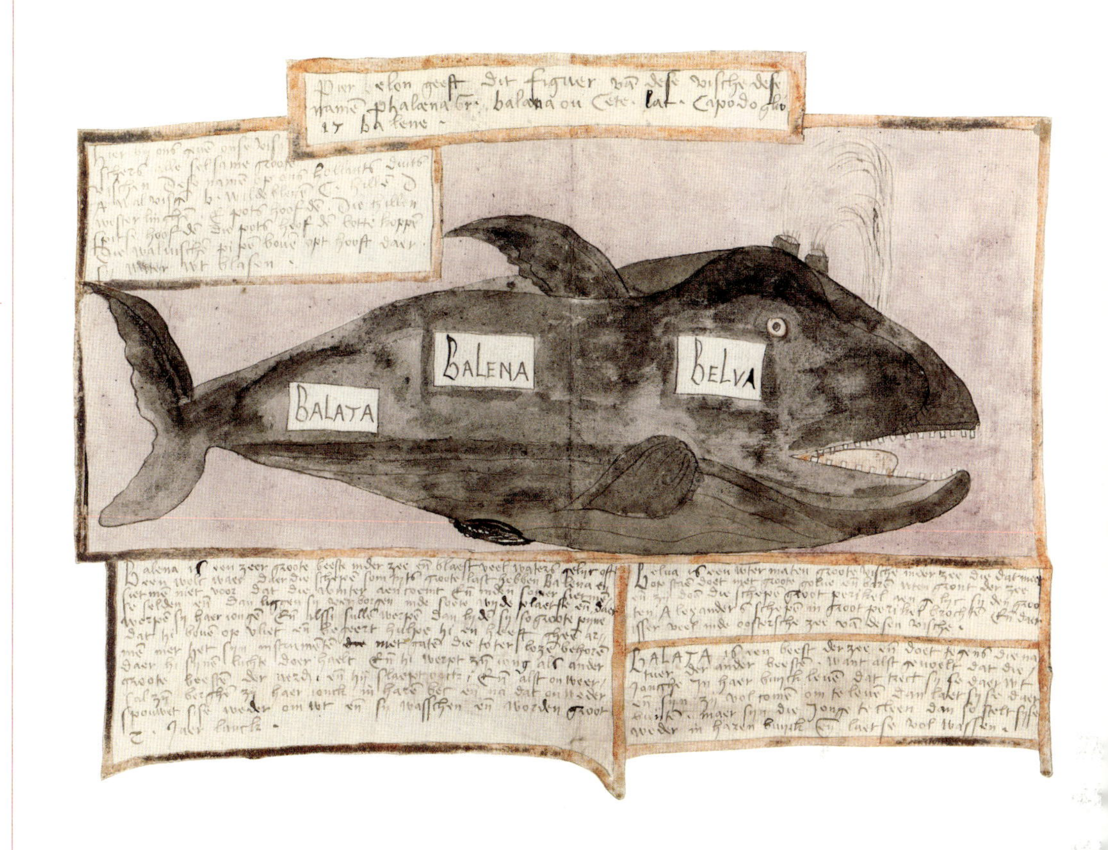

一位独特的鱼类学家

在16世纪所有写过鱼类的作家中，荷兰人阿德里安·克楠具有特殊地位。身为鱼贩，他曾在海牙附近捕鱼、贩鱼。克楠求知欲强、善于观察又受过教育，因此编写了两部有关鱼贩和海洋动物的书。书籍手稿配有他亲笔画的水彩插画，其中一些非常写实，如抹香鲸的插图；其他插画则源自神话传说，如“海龙”或七头蛇。

阿德里安·克楠，《鱼鉴》，海牙，国家图书馆，MS 78 E 54，第53页反面～第54页

鲁瓦兹将鲸称作“巨大的鱼形海怪”，同时将它塑造成一个真实存在的、身形与行为都很令人震惊的动物。在该书的第二版中，作者将全书的最后一部分贡献给鲸。这一部分内容主要借鉴了龙德莱特和格斯纳的思想，同时也参考了一些巴斯克地区捕鲸者的游记。此外，在这一部分中还能看到一些《圣经》评论，如对《约拿书》的评论和对《诗篇》第74章的评论：“你凭能力将大海劈开，你在海上击碎了鲸的头。”（《诗篇》74：13）在一幅插画中，鲸的形象比这段文字更加写实：插图下的说明文字指出这是一头1577年在斯海尔德河三角洲搁浅的抹香鲸。

随着时间的流逝，长须鲸的形象变得更加确定，不再似怪物般吓人。在鱼类学著作中，科学超越了传统，长须鲸的形象更加具体，被分为不同种类，彼此相似，但和抹香鲸、逆戟鲸区别很大。同时，曾经属于鲸目动物的某些物种被踢出这一类动物，如水獭、海狸、海象、海豹、海龟等。从17世纪下半叶起，作者们也不再谈论特里同、美人鱼、海僧和海主教了。由弗朗西斯·威鲁比（1635～1672）开始，由他的朋友约翰·雷（1627～1705）在他过世后继续完成的伟大作品即是如此。他们共同编纂的《赤道鱼类志》于1686年在牛津出版。书中有关长须鲸与抹香鲸的内容相对较少，但涵盖了当时认知的主要内容。对于前人（如贝隆、龙德莱特、格斯纳）的观点，威鲁比和雷做了筛选，只保留了他们认为在科学上站得住脚的。他们重点描绘

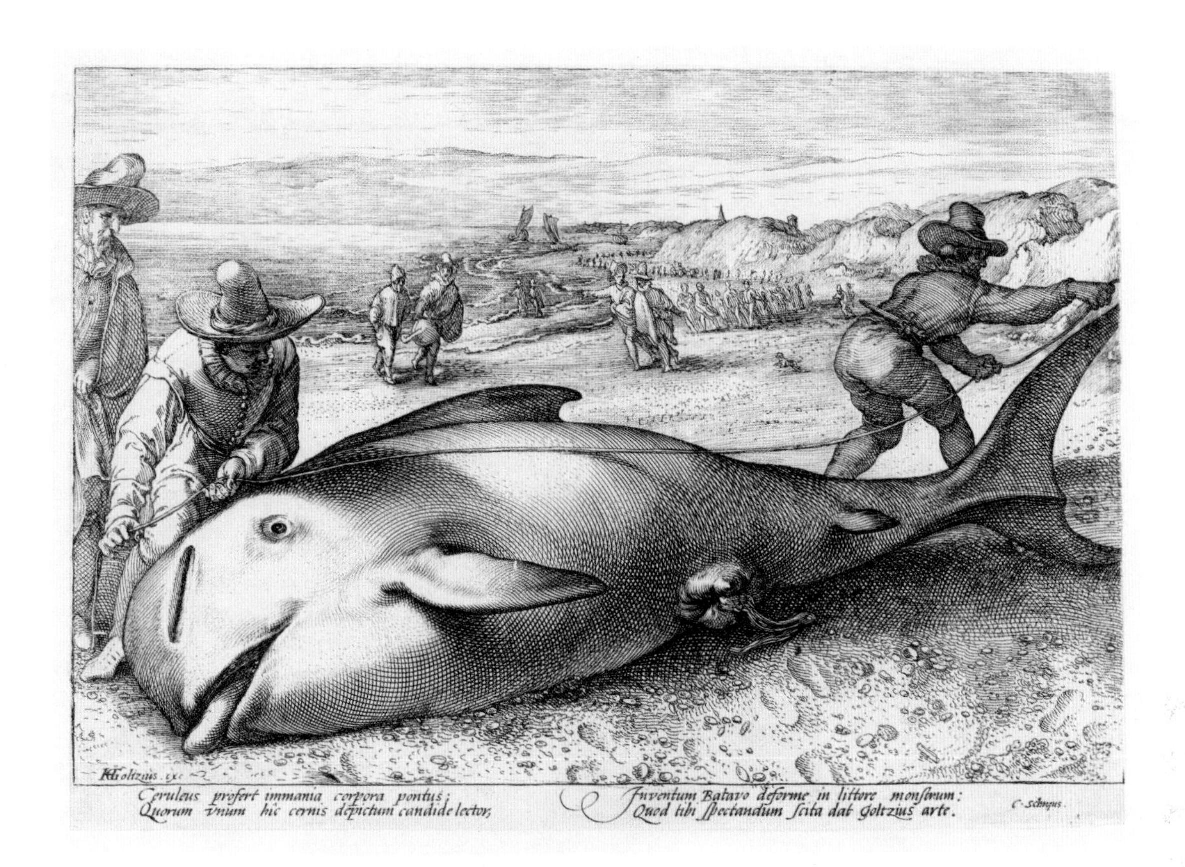

鲸体形

16、17世纪，曾有一头鲸在北海比利时、荷兰海滨搁浅。好奇的人们得知消息后蜂拥至此，并为这种动物的庞大体形而震惊。有些人甚至为这头鲸量了尺寸，以便和前一年在另外一片海滩上搁浅的另一头鲸进行比较。

《为搁浅的鲸量尺寸》，亨德里克·霍尔奇尼斯根据一幅匿名画制作的版画，1598年。阿姆斯特丹，国立博物馆，版画收藏室

Van dees derthien seemonsters, de drije versanden
Waer deur ons Godt waerschouden tperijckel en pooi
Dat ons was naeckende, ende noch is voorhanden
Deur ghetrouwe vijanden als monsteren groot.
Johan. Wierix fecit.

呈现手段的进步

版画易于复制，既可与书籍一起流通又可单独传播。16、17世纪，版画艺术极大地促进了知识的传播。自然科学也许是版画艺术最大的受益者，尤其是动物学。就鲸目动物而言，有些版画家已经开始细心描绘不同物种间的区别。他们不再将鼠海豚与海豚、须鲸与抹香鲸混为一谈。

约翰内斯·维瑞克斯，《弗拉芒地区海滨搁浅的抹香鲸》（*Cachalots échoués sur la côte flamande*），版画，1577年。纽约，大都会博物馆

了鲸的解剖学特征、呼吸系统、营养及繁殖。书中见不到任何将这种动物塑造成撒旦的创造物的内容，也见不到将其塑造成海中贪吃巨兽、喜欢伪装成小岛捉弄人的大鱼的篇章，更见不到将其塑造成海中的“音乐爱好者”或讨厌巨大声响的段落。

17世纪末、18世纪初时，这些原本只为该领域专家所知的知识迅速成为大众的常识，至少对所有受过教育的人来说都不陌生。当时的字典和百科全书都可证明，如1690年安托万·菲雷蒂埃在法国出版的《通用辞典》。这本辞典出版的目的是与法兰西学术院推出的词典进行竞争，因此导致安托万被驱逐出法兰西学术院。然而，安托万的辞典和法兰西学术院词典有本质的区别，它不是一本有关语言的词典，而是一本与“词和事物”有关的辞典。该书中包含有关一些动物、植物、物品或机构的详细说明，是一部百科全书般的信息汇编。安托万对鲸的解释即是如此：虽然鲸在书中仍被定义为鱼，而非鲸目动物，但没有任何其他荒唐话。长须鲸被正确地描绘，被与抹香鲸和海豚区分，因为后两者有牙而非鲸须。在有关长须鲸内容的最后，安托万强调了人类可以从鲸身上提取的产品以及主要的捕鲸地：

> 有些鲸非常肥硕，无论是活着还是死掉，它们都能漂浮在水面上。鲸脂质量非常好，即便在沸腾状态下，我们把手伸进去都不会被烫伤。鲸脂可以用来为捕鸟器或船只

> 涂油，或用来点灯。呢绒制造商可以用鲸脂处理羊毛，皮带制造商可以用它处理皮革，画家可以用它研磨某些颜料，缩绒工可以用鲸脂做肥皂，建筑师和雕刻家可以将鲸脂与铅白或石灰混合待其变硬后为石头覆膜。鲸须可以用于制作雨伞、扇子、士兵的仪仗或女士胸衣。
>
> 冰岛北部、斯匹次卑尔根群岛附近鲸非常多。夏天，这些巨型生物在海中漫游，经常能看到一大群鲸与另一大群鲸打斗的场面，就像养鱼池里的鲤鱼或河里的欧鲌。当鲸受伤时会发出能吓跑其他鲸的恐怖的叫声。鲸的灵活性让人难以想象。有人曾目睹一只被鱼叉击中的鲸在短短三刻钟内将船托出六七里*远。在英国，鲸是皇家之鱼，它和鲟鱼一样完全属于国王。鲸头归国王所有，尾巴归王后所有。

这段引文的结尾非常有意思，此处鲸和天鹅的象征意义几乎一致。唯有这两种动物专属于英国君主政体。在欧洲大陆上的其他王国没有这种情况。

《百科全书》通常被认为由狄德罗和达朗贝尔编纂，内容包罗万象，书名全称为《百科全书，或科学、艺术与工艺讲解辞

---

* 法国古里，约合4公里。

瓦卢瓦王朝宫廷中的鲸

当克里斯蒂娜·德·洛林1589年5月抵达佛罗伦萨准备嫁给托斯卡纳大公费迪南时，她带了许多从1月去世的外祖母凯瑟琳·德·美第奇处继承来的艺术品。在这些艺术瑰宝中，有一套由8幅奢华的弗拉芒挂毯组成的艺术品尤为引人注目。这套作品呈现了瓦卢瓦王朝末期宫廷盛宴的场景。系列挂毯中有一幅名为《鲸》，画面上有一只巨大的机械海怪与各种水上游戏一起出现在1565年巴约讷的庆典上。正是此时，凯瑟琳和阿尔巴公爵进行了外交会晤。

在布鲁塞尔根据卢卡斯·德·海尔的草图编织的挂毯，完成于1582年。佛罗伦萨，乌菲兹美术馆，inv.493

典》。19世纪，在《百科全书》中，鲸因路易斯·道本顿而拥有了专属于自己的一篇详细介绍，这部分内容共4页，出现在1751年出版的第二卷中。除了狭义的动物学知识外，这篇文章对于捕鲸及捕鲸后产生的产品也进行了详细的介绍。另外两个与鲸有关的补充内容也被提到：一是鲸蜡，“是抹香鲸脑浆的某种制品”，可用于制作质量上乘的蜡和各种药品；另一个是鲸座，根据不同作者的说法，鲸座由21或22颗星星组成。在第二卷内，抹香鲸单独拥有一篇说明文章，作者也是道本顿，抹香鲸被定义为“属于鲸目动物，海洋中的大鱼”。相比于与鲸相关的文章，内容略短，但这篇有关抹香鲸的文章提供了更加精确的信息，尤其是有关抹香鲸下颌和牙齿及从它的头颅中可以提取的油的数量。抹香鲸的法语名字“cachalot”源自加泰罗尼亚语，1630年左右出现在了法语中，直到18世纪中期才被广泛使用。

鲸类学的诞生

18世纪下半叶，人类的动物学知识变得多样化。“哺乳动物”一词最早在亚里士多德的作品中出现，但后来逐渐被人遗忘。18世纪中后期，这一名词又重新被人提及，其定义也变得更加明确。著名的瑞典博物学家卡尔·冯·林奈（1707～1778）

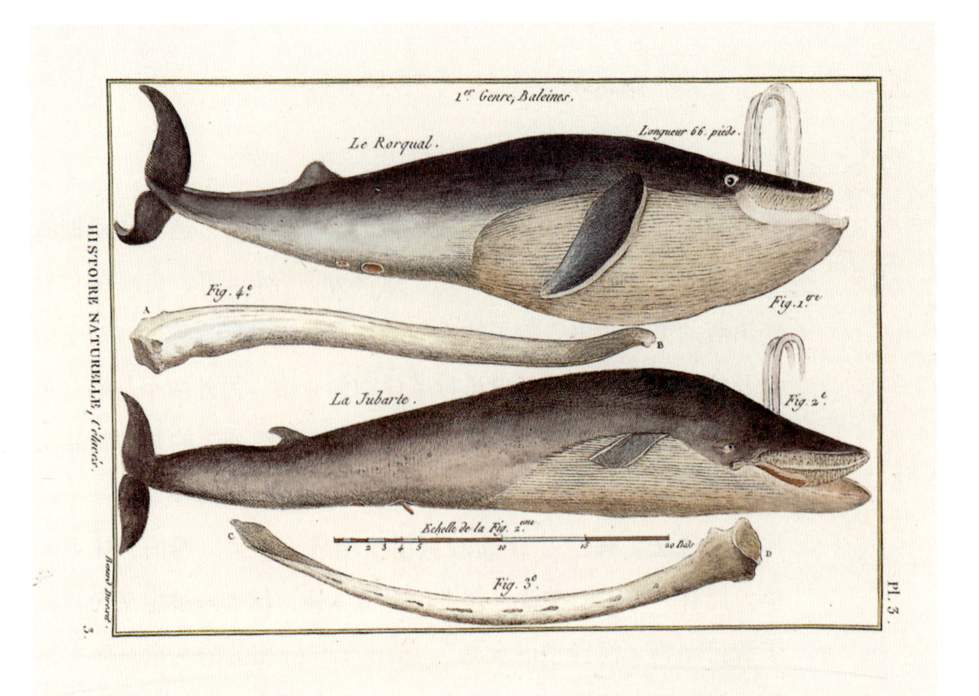
1er Genre, Baleines.
Le Rorqual.
Longueur 66. pieds.
Fig. 1ère
Fig. 4e
A
B
La Jubarte.
Fig. 2e
Echelle de la Fig. 2ème
1 2 3 4 5 10 15 20 Pieds
C
D
Fig. 3e
HISTOIRE NATURELLE, Cétacés.
Pl. 3.
3.

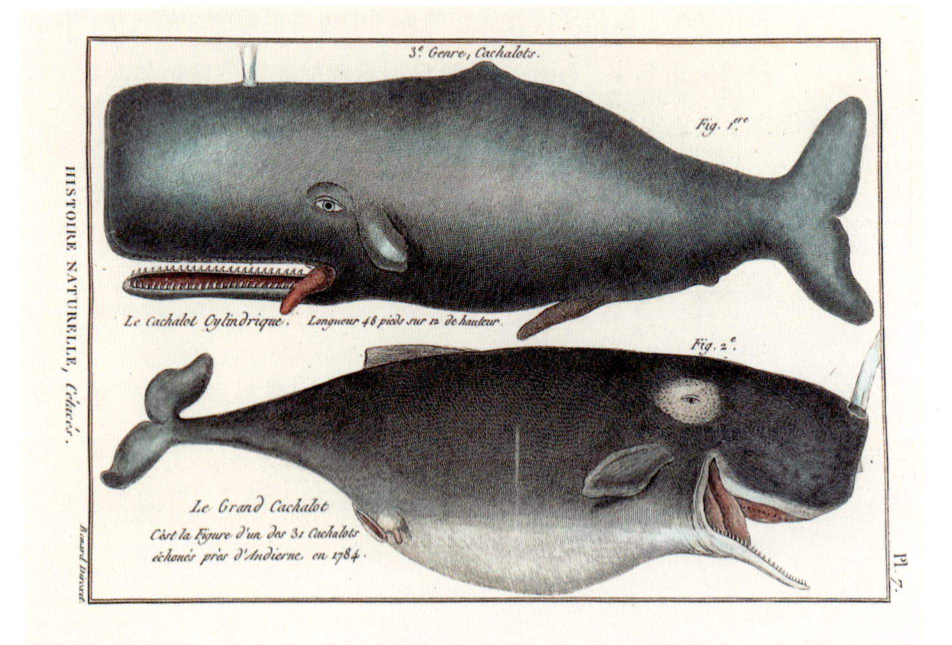
3e Genre, Cachalots.
Fig. 1ère
Le Cachalot Cylindrique.
Longueur 48 pieds sur 12 de hauteur.
Fig. 2e.
Le Grand Cachalot
C'est la Figure d'un des 31 Cachalots
échoués près d'Audierne en 1784.
HISTOIRE NATURELLE, Cétacés.
Pl. 7.

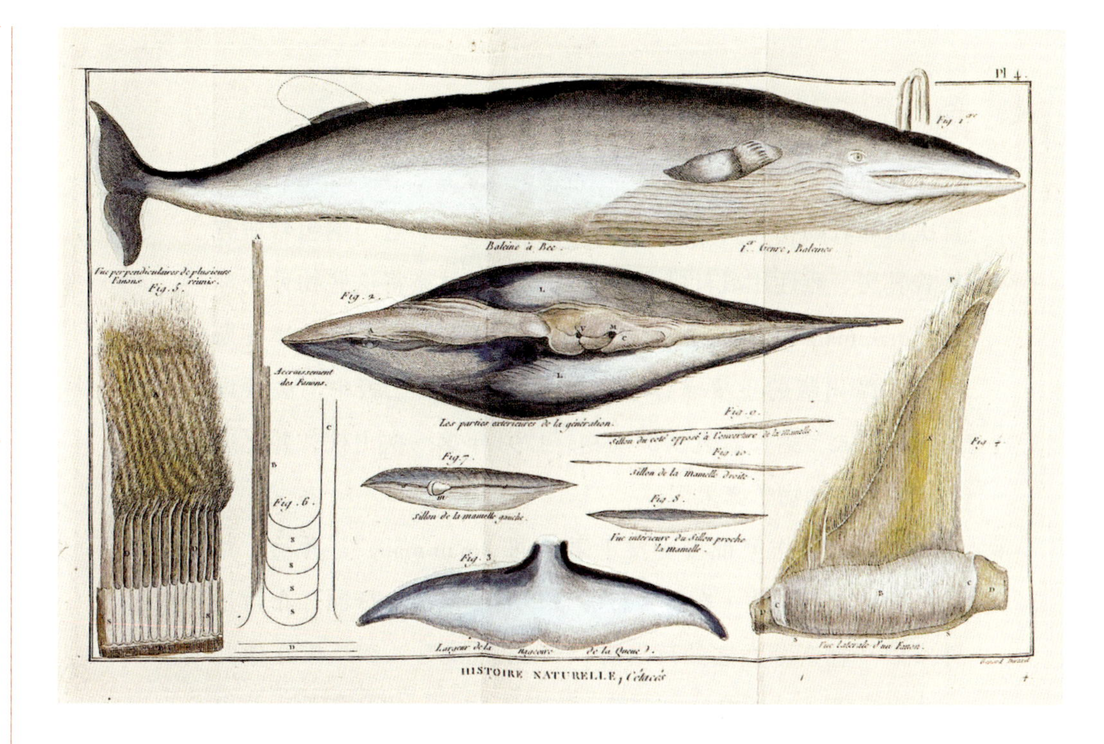

18世纪末的鲸类学

皮埃尔·约瑟夫·博纳埃尔（1752～1801）神父作为博物学家本不该被人遗忘。他参与了查尔斯·约瑟夫·庞库克《有条理的百科全书》的编纂，是一位伟大的植物学家、动物学家。他是法国首批使用林奈分类法的博物学家，是首位整理鲸目动物谱系的学者，甚至比拉塞佩德还早几年。他作品中的插图将须鲸与抹香鲸的区别细心标注，同时第一次对这些动物的体形进行了接近实际的描述。

皮埃尔·约瑟夫·博纳埃尔，《自然三界百科全书式图鉴……鲸类学》，巴黎，庞库克出版，1789年，第3、4、7号插图

首次将哺乳动物作为动物中的单独一纲划分。这一纲包含所有长着乳房、雌性用乳汁哺育后代的动物。林奈将这些物种统称为“mammalia”，这个拉丁语词第一次出现在林奈1758年在斯德哥尔摩出版的重要著作《自然系统》的第二版中。法语词“mammifère”指长着乳房的动物，1791年第一次出现，并迅速被绝大多数动物学家采用。

并非所有作家都接受拉丁语单词“mammalia”，乔治·路易·勒克莱克·德·布封（1707～1788）便极力抵制。布封是林奈以及林奈分类法的反对者。“mammalia”一词从未在他共35卷的巨著《自然史》中出现，该书于1749～1786年他生前出版。但布封未能将他原本计划发表的所有内容悉数于生前推出。动物部分，只有关于四足动物和鸟类的内容问世，后续内容由他构思，最终由艾蒂安·德·拉塞佩德（1756～1825）负责完成。艾蒂安最终出版了5卷《鱼类自然史》（1798～1803）及一卷《鲸目动物自然史》（1804）。和与他同时代的博物学家一样，拉塞佩德将鲸目动物与鱼类区分开来，和林奈一样，他将鲸目动物归入哺乳动物。布封如果还活着应该也不会喜欢“哺乳动物”这个词的，但好在他永远不会知晓。

1804年，鲸目动物有了专属于自己的完整一卷，这在动物学历史上是一个重要转折点。与鲸目动物相关的科学，即鲸类学诞生。鲸类学有专属于自己的论文、研究对象、研究方法和分类。拉塞佩德的著作中不再重复龙德莱特、格斯纳的论点，更看不到奥劳斯·马格努斯或中世纪其他动物寓言作家的观点。他的创作不仅基于水手与捕鲸者的实地观察，同时基于博物学家们进行的观察，这点尤为重要。此外，他充分利用了解剖学的发展，从大量不同种的鲸目动物的解剖（主要出自道本顿之手）中获取新知。最终，他将鲸目动物分成两大族群：有牙齿的和没有牙齿的；九属：鲸、鳁鲸、独角鲸、格陵兰的瓶鼻鲸（？）、抹香鲸、*les physales*（鳁鲸的变种）、*les physetères*（长有背鳍的抹香鲸）、*les delphinoptères*（没有背鳍的鼠海豚）、海豚。海豚属内物种丰富，拉塞佩德将普通鼠海豚也归为此属，并称为“海豚-鼠海豚”，将逆戟鲸也归为此属，称为“海豚-逆戟鲸”。鲸属下设两个亚属、八种。第一种，也是作者贡献篇幅最多的是“露脊鲸”。拉塞佩德说，人们可以在北方海域捕获露脊鲸。它们皮肤颜色暗沉，没有背鳍，体形圆润巨大又笨重，游速较慢，不吃其他鱼肉，在一年中的某个时节会发出鸣叫，寿命可达两百年。

拉塞佩德的著作成为后代作家的重要基础，除了航海探险的进步、比较解剖学的进步和解剖的实践，19世纪上半叶的作品也从拉塞佩德的著作中吸收了大量养分。鲸的完整骨架先是出现在珍奇屋中，后又出现在许多自然历史博物馆里，鲸骨架的重塑使其与古老陆生哺乳动物骨架的对比成为可能，同时引发人们对鲸及其他哺乳动物共同祖先的猜测，或者更准确地说，

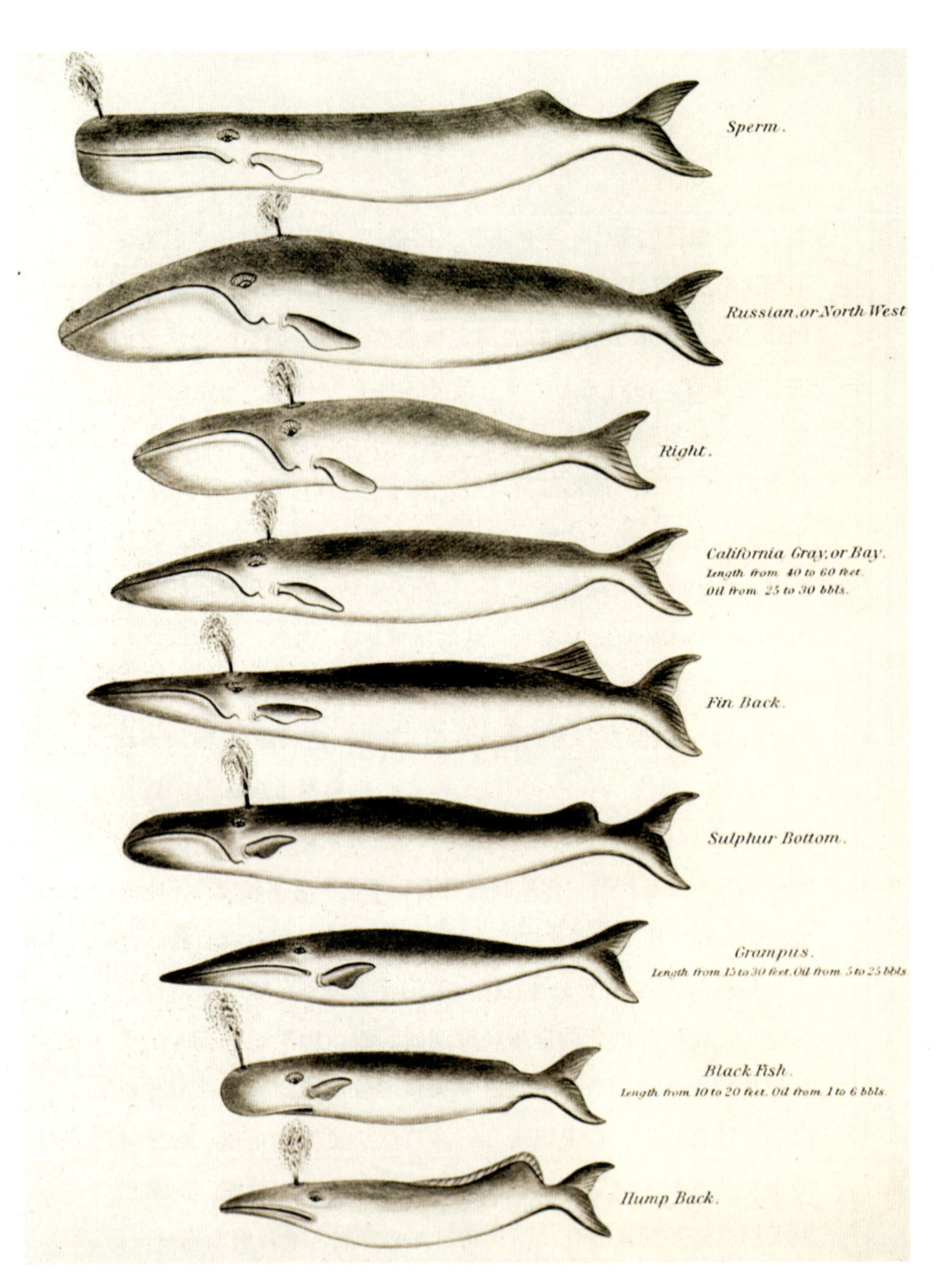
Sperm.
Russian, or North West
Right.
California Gray, or Bay.
Length from 40 to 60 feet.
Oil from 25 to 30 bbls.
Fin Back.
Sulphur Bottom.
Grampus.
Length from 15 to 30 feet. Oil from 5 to 25 bbls.
Black Fish.
Length from 10 to 20 feet. Oil from 1 to 6 bbls.
Hump Back.

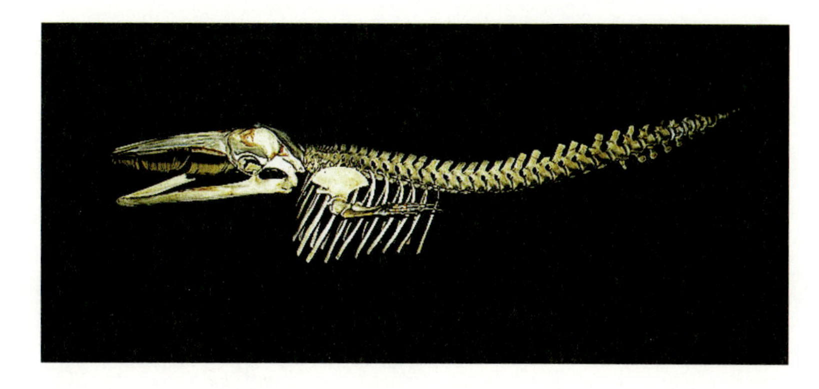

珍奇屋

即便人类对鲸的认知有了长足进步，直到17世纪，它仍是一种吊足人胃口的动物，让学者和收藏家非常感兴趣。鲸骨架很早就出现在珍奇屋中，它与马宝、闪电熔岩和鳄鱼并称为镇馆之宝。有时，参观者能从鲸巨大的骨架里看出远古怪兽或中世纪巨龙的影子。

幼年鳁鲸骨架，魁北克，泰道沙克，海洋哺乳动物介绍中心

◂ **1850年左右已知的鲸的不同种类**

19世纪书籍插图中描绘了不同种类的鲸（从上至下）：抹香鲸、蓝鲸、露脊鲸、灰鲸、鳁鲸、逆戟鲸、座头鲸及各种幼鲸

是对生物界进化起源的推测。据此，居维叶得出结论：鲸是没长前腿的哺乳动物。当代科学完成了余下的工作，细化分类、增加观测地、研究鲸目动物的社会生活、研究它们所谓的自杀行为、记录它们发出的声音，通过分析赫兹频率、声音传播范围及音调变化，科学家们试图更好地解析鲸之间的交流。如今，人们的认知有了长足进步，然而，这种巨型海洋生物的许多个体性或社会性行为仍是个谜，比如座头鲸奇异又迷人的叫声。

4 身陷危险的鲸

◂ **捕杀抹香鲸**

威廉·透纳（1775～1851）将其一生贡献给海洋风景画，在1840年左右，也许是因为当时的热门话题，也许是因为“埃塞克斯”号的悲剧，他突然对捕鲸产生浓厚兴趣。在他的书架上，人们发现了一本带注释的托马斯·比尔于1839年出版的《抹香鲸的自然历史》。这本书是否曾给透纳灵感，助他绘出这样的场面——一头巨大的抹香鲸在电闪雷鸣与狂风巨浪中与一众脆弱的小船搏斗？这幅画比《白鲸记》早6年发表。

威廉·透纳，《捕鲸者》，1845年。伦敦，泰特美术馆，Inv.Wolfe 9629

18世纪末，鲸的历史再次遭遇转折。人类的捕鲸活动变得更加频繁，地域范围更广，他们离开大西洋进入太平洋，导致鲸目动物不得不向更远的地方迁徙，甚至一度进入北冰洋。这导致新的捕鲸技术的发展，对捕鲸者来说是重大利好，对鲸却是致命的灾难。捕鲸业的黄金时代拉开序幕，尤其是新英格兰的港口。美国人的船只已经远远领先其竞争对手——英国人和荷兰人，同时，俄罗斯、挪威和日本的威胁还未向他们袭来。这一持续到约1860年的黄金时期深深地影响了捕鲸水手的世界。捕鲸人一登船就是持续数年的远航，他们要面临各种各样的危险，忍受孤独、无聊，但在追逐和捕获这些海洋巨兽时也能享受到极致的兴奋。一种新式文学应运而生，这几乎可以说是一种专门描写捕鲸活动、捕鲸人经历的危险的神话故事，同时也会讲述他们的成就和秘密。书写这一题材的许多作家都获得了巨大成功，他们激起了大众的幻想，点燃了大家对海上航行的热情。伴随跨大西洋的大型捕鲸公司一起诞生的是工业化捕鲸作业。

19世纪末，技术的进步，尤其是蒸汽捕鲸船和带炸药的鱼叉的使用再次改变了捕鲸业。捕鲸活动从手工操作变成工业化作业。人们将渔船变成了海上工厂，捕获的鲸数量变得越来越多。某些鲸种类的数量骤降或灭绝终于唤醒了人们对过度捕鲸的认识。1948年，国际捕鲸委员会建立，该组织试图通过建立配额和禁渔期减缓鲸数量的减少。然而，措施推行的阻力巨大，且这些措施开始得太晚了。鲸的灭绝似乎是中短期内必然发生的事，除了有来自过度猎杀的威胁，还有海洋污染对鲸造成的致命威胁。

捕鲸：从近海到远洋

比斯开湾沿岸的鲸数量变少后，捕鲸者开始向北部海域移动，如法罗群岛、冰岛、斯瓦尔巴岛、圣劳伦斯河口等。首先是巴斯克人，之后英国人、挪威人、荷兰人也开始投身于这些远航。但这些海域对于捕鱼者来说也是暂时的目的地。这些地区的资源也很快枯竭，人类的过度捕杀是一个原因，幸存的鲸逃往其他地区，尤其是广阔的、充满危险的未知海域——如格陵兰岛、北美——是另一原因。如此，导致水手需要再次改变目的地，践行新的捕鱼方式。此时，捕鲸不再是近海活动，而是远洋活动了。从前，无论是在冰岛、斯匹次卑尔根群岛还是圣劳伦斯河口或纽芬兰，捕鲸活动都不需要远离海岸，鲸会慢慢接近海岸，很容易将其逼进峡湾迫使其搁浅。从18世纪起，事情发生了变化。捕鲸活动需要深入较远的海域，这使捕鲸工具、技巧、人员配备、船只类型逐渐发生变化。巴斯克人和挪

格陵兰岛的捕鲸站

格陵兰岛周边海域自古以来就经常有大量鲸出没，尤其是抹香鲸。17世纪下半叶起，格陵兰岛上建立了许多捕鲸站，这些站点一直持续活动到18世纪末。几十年后，整个北半球的鲸变得稀少，迫使捕鲸船向南半球进发继续捕鲸事业。

匿名着色版画，1762年。格林威治，国家海事博物馆图书馆

威人古老的捕鲸技巧已经过时，北美居民使用的更现代、更高效的捕鲸方式登上历史舞台。

从17世纪下半叶开始，在捕鲸产业中，北美人逐渐代替了荷兰人，尤其是斯瓦尔巴群岛的捕鲸站关闭后。北美居民首先在新英格兰、新斯科舍省近海沿岸进行捕鲸活动。许多港口专门从事捕鲸活动，因此迅速发展、进行财富积累、向欧洲和英国其他殖民地出口相关产品。南塔克特港是其中的佼佼者，建立于同名岛屿上，位于科德角（又称鳕鱼角）南，1690～1700年，南塔克特成为美国捕鲸业的“首都”。几年后，近海捕鲸或半近海捕鲸变成远洋作业。因为一艘南塔克特的渔船在远洋遇到了一大群抹香鲸。直至此时，捕鲸者看到鲸时还会落荒而逃，和其他水手一样，他们非常害怕鲸。抹香鲸被认为是最可怕的鲸，不仅因为它的脑袋巨大、食肉、长着利牙而非鲸须，同时因为它们游速很快，能群体活动，看起来就像组成了一支真正的军队。然而，1712年的某天，赫西船长和他的船员们与一头抹香鲸正面交锋，成功将其置于死地，并把它最终带回南塔克特。

这次壮举拉开了人类捕杀抹香鲸的序幕。相比较其他鲸，抹香鲸的捕猎需要在远洋进行，但猎捕抹香鲸的利润更可观。这种鲸不仅能为人类提供大量相较其他鲸更加优质的油脂，同时能产出三种珍稀罕见的物质：牙齿的牙本质、头颅中的鲸蜡、胃里的龙涎香。人们从鲸蜡中可以提取出一种用来制作蜡烛、

NANTUCKET
Ask Ticket Agent for Nantucket Booklet
THE NEW YORK, NEW HAVEN & HARTFORD RAILROAD CO.
THE NEW ENGLAND STEAMSHIP CO.
THE NEW BEDFORD, MARTHA'S VINEYARD & NANTUCKET STEAMBOAT LINE
F. C. COLEY, Passenger Traffic Manager

肥皂、化妆品的上佳材料。龙涎香则是非常珍贵的制作香料和香水的材料，龙涎香的价格有时甚至可以媲美黄金。经过几十年的发展，南塔克特因此成为了富足、繁荣的城市。捕鲸、相关产品的加工以及随之而来的贸易逐渐发展成为一系列真正的工业活动，成为南塔克特及一些海滨港口人们赖以生存的事业。

这一波繁盛之势持续了约两代人的时间，从1775～1880年起，美国独立战争为它按下了暂停键。英国海军攻击了沿海港口，击沉船只，囚禁捕鲸人员，迫使他们为自己的船只服务。美国捕鲸事业花费了约三十年才得以重整旗鼓。在此期间，捕鲸业的大旗握在英格兰和苏格兰人手中，他们沿着大西洋从北向南一路追逐鲸直到南半球。19世纪末期，有些捕鲸船甚至跨过了合恩角在太平洋捕获了许多大型鲸。为此，他们在澳大利亚和新西兰岸边建了许多临时捕鲸港口。

拿破仑发动的战争再次延缓了欧洲捕鲸业的发展，美洲捕

◂ **南塔克特**

南塔克特港口位于科德角外海的岛上，那里是19世纪上半叶美国最重要的捕鲸站。南塔克特的捕鲸船从北向南穿越整个大西洋，绕过合恩角，在南太平洋上捕猎鲸目动物。这些远征捕鲸活动动辄持续许多年，能带回大量鲸油脂。19世纪50年代，港口航道沙子堆积以及石油作为照明工具的发现导致该地繁盛的终结。

海报，约1925年。南塔克特历史学会博物馆

鲸者借此重整旗鼓，再次回到领头羊的位置。美国人在太平洋上航行，他们发现太平洋中的鲸数量众多，而在大西洋上鲸数量正在变少。一些新的港口得以兴建，更大、装备更完善的捕鲸船也开始出现。1840年左右，美国的海面上约有700艘捕鲸船，海滨有50多个专门的捕鲸港口，每个港口都有自己的捕鲸区域，遍及北冰洋、南大西洋、太平洋。最重要的港口设在南塔克特，其鼎盛时期在1830～1840年。之后，一些其他机构垂涎于捕鲸业带来的巨大利润，给南塔克特造成了威胁。鲸油脂的价格持续攀升，因为需求量巨大，运往全球的装满鲸油脂的油桶数也持续增加。鲸的油脂质量上乘，用途广泛，且皆与工业革命相关，主要用于大城市的照明，如北美和欧洲。很快，南塔克特衰落，新贝德福德借势发展。新贝德福德位于波士顿南，是美洲大陆上的港口。新贝德福德的海滩没有那么多细沙，更适合船只进入，因此相比南塔克特，这里能接待吨位更大的船只。在不到十年的时间里，新贝德福德的人口增长了十倍，且聚集了无比巨大的财富，让它的竞争对手望洋兴叹。

然而，这些繁荣都是昙花一现。鲸和抹香鲸的数量越来越稀少，它们也变得更加谨慎，因此，水手需要前往越来越远的大洋追逐它们。从1848年起，许多曾经的捕鲸人离开渔船，蜂拥至加利福尼亚，因为那里刚刚发现金矿。他们认为，金矿里的生活总好过海上。之后，南北战争（1861～1865）爆发，再

马萨诸塞州海滩上搁浅的虎鲸

长期以来，虎鲸被认为是须鲸，但与须鲸不同，它没有鲸须，却长着真正的牙齿。虎鲸因其残暴行为而臭名昭著，它们不仅捕食大型鱼类，还会攻击海狮、海豹甚至小鲸。最大的雄性虎鲸身长可达10米，体重11～12吨。作为群居动物，虎鲸拥有与海豚类似的发达的社会生活。

艾伦·拉姆斯德尔的摄影作品，悬崖浴场，1918年7月。南塔克特历史学会博物馆

次严重延缓了捕鲸活动。捕鲸船要么被击沉，要么被改造成战船；捕鲸人员要么应征入伍，要么被俘虏；捕鲸用的武器要么被征用，要么被摧毁。当南北冲突结束，北美捕鲸业发展的东风早已不再：一方面，他们的竞争者英国人开始使用蒸汽船代替帆船；另一方面，曾经投资捕鲸的金主开始将资金投向他处。此外，最重要的原因在于，人们刚刚在美国发现石油，因此，不再需要鲸的油脂作为照明工具了，如此一来，鲸油脂的价格一落千丈。石油的发现在一段时间内让仅存的鲸得以喘息。

1946年，国际捕鲸委员会创立，自此，人们开始采取真正的措施抑制鲸的过度捕杀。

捕鲸船上的生活

让我们聚焦18世纪末、19世纪上半叶的捕鲸水手。他们使用的捕鲸船还不是蒸汽驱动，仅靠风帆助力，但船只专门配备有追捕大型鲸目动物的装备以及收集、融化、加工被捕获的鲸油脂的设备。比如船上有专门加工鲸油脂的炼锅。船上水手的工作繁杂多样，每名船员都同时兼具水手、捕鲸手、工人、切分工、屠夫及炼油工的角色。船长是船上唯一的指挥者，两名大副辅助他维持船上秩序、监督其号令的实施。某几位船员肩负专门职责，如厨师、木工、箍桶匠。有时，在环境最优渥的船上还会配有医生和一两名博物学家或地理学家。这些科学家在水手的陪同下，试图发现新岛屿或新物种。航行持续时间非常久，有时两三年，有时更长，行程近乎环球旅行。因此，在赫尔曼·梅尔维尔笔下，捕鲸船员没有祖国，“大海就是他的祖国”。从1790年起，美国船员经常绕过合恩角去太平洋捕鲸，因为大西洋中的鲸数量因过度猎杀远少于太平洋。因此，他们经常远离自己的家人及港口，远离新英格兰。

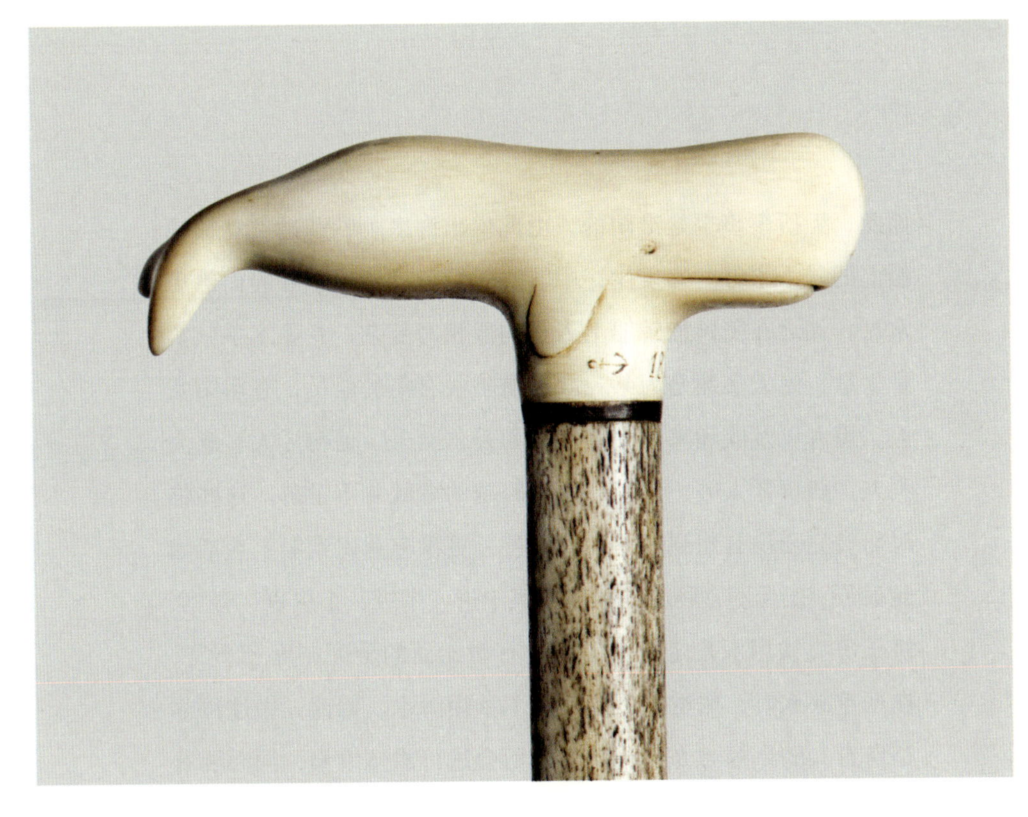

鲸骨制成的手杖手柄

利用从某种动物身上获取的材料绘制或制作这种动物形象总是振奋人心的。中世纪用象牙制作的象形棋子即是如此，或者如上图，用鲸骨雕刻的鲸。这个作品出自一位水手之手，他离开自己的船籍港到远洋捕杀鲸。

署名C的匿名作品，1873年。个人收藏

在起航后的头几周甚至头几个月，捕鲸船上只有无穷无尽的等待，目之所及之处无一头鲸现身。无聊、烦闷、怀疑、孤独和恐惧充斥着这些等待的时光。船员只能尽量为自己找些事做，比如雕刻鲸骨，或在抹香鲸的牙齿上雕刻海上风光。即便如此，无所事事也是难耐的，由此生出许多争吵和冲突。捕鲸船上的暴力事件时有发生，中转时船员的反叛甚至弃船而逃更常见。加之在美国捕鲸船上人员构成相对复杂，专业水手其实是少数，绝大多数是为某一次远航临时召集的船员，有印第安人、黑人以及欧洲来的新移民，如爱尔兰人、葡萄牙人、意大利人、西班牙人等，他们对即将跨越的海域并不了解。这些临时船员完全没有想到船速如此之慢，更没有意识到船上生活如此艰苦。船上的食物味同嚼蜡：风干肉、米饭、小扁豆、青豆、饼干等。饮用水是定量分配的，有时比酒的分配制度还严苛，在严重缺水时，船员们可能不得不饮用海水。因此，中途停靠是所有人的幸福时光，利用停靠期会进行船体维修，同时要补

◂ **抹香鲸牙雕**

19世纪上半叶，在捕鲸船上，无尽的等待与无聊构成了水手们的日常。船员中有些人具有艺术天赋，他们在鲸骨或鲸须上雕刻，另一些则在抹香鲸牙齿上雕刻航海场面。如今，收藏家们非常热衷寻找类似的物品。

抹香鲸牙雕，南塔克特船队中的“苏珊号”。作品署名弗雷德里克·迈里克（Frederick Myrick），1829年8月22日。南塔克特历史学会博物馆

捕鲸船

从18世纪末起，捕鲸船除了配有远航必备的设施外，还配有拖拽鲸、分解鲸尸体、融化鲸脂的设备及储存炼出的油的木桶。对于船员们来说，最大的危险并非来自被捕杀的巨大海洋动物，不是风暴和事故，也不是饥饿、口渴、孤独和烦闷，而是船上的火灾。

罗伯特·多德，《西北部》又名《在戴维斯海峡捕鲸》，1789年。塞勒姆（马萨诸塞州），皮博迪·艾塞克斯博物馆

给饮用水、较为新鲜的食材，最重要的是补给木材。停靠期通常会持续很久，但也有危险，尤其当停靠在太平洋上的某些小岛时。因为岛上土著并不友善，有时甚至会碰到食人族。

远洋航行中的危险重重。最常见、最吓人的是船上火灾。火灾通常由融化鲸脂的炼锅引起。船体皆为木质，帆面巨大，因此，火势会迅速蔓延。虽然船只航行在茫茫大海上，但灭火并非易事。船上，其他小事故也频频发生，多因湿滑的地面、操作尖利器具或未固定牢固的沉重的木桶翻滚造成。天气条件有时也会带来危险：暴风雨、风暴、严寒、遇到冰川或无风、酷热等。最让船员们叫苦不迭的不是捕鲸过程中的危险，不是远航的漫长，不是偏离贸易航线，不是遇到海盗，不是碰到竞争船只，甚至不是食物令人作呕或者船长、大副的残暴统治。最令船员们厌恶的是笼罩在所有捕鲸船上的恶臭，一旦猎物被捕获、切分、炼成油，船上的恶臭就挥之不去。

捕鲸本身就是一件大事，全程分好多步骤。首先，需要花费很长时间寻找鲸，确定目标、接近、追踪、攻击、与之搏斗、杀死猎物，之后将其固定在船侧，分解尸体，收集鲸脂和鲸肉。定位鲸的工作由瞭望水手完成，他坐在高高的桅杆上。鲸喷气、喷水或偶尔跃出水面都会暴露自己的行踪。一旦瞭望水手发出信号，捕鲸小船就会下水。这是些细长的木质小艇，没有桅杆，每艘艇上六至八名船员。鱼叉手坐在船头，一旦动物靠近，他就凶狠地刺下鱼叉，他会用尽全力，以便让鱼叉深深插入鲸的背部或腹部。鱼叉手得手后，捕鲸小艇需要迅速驶向远方，因为受伤的巨兽会狂躁不已。这是捕鲸过程中最危险的时刻，因为鲸强有力的尾巴猛烈拍打会让周遭的小船倾覆。惊恐、受伤的鲸会在海中跃起又下沉，疯狂地、漫无目的地拉扯连接鱼叉和小艇的绳索。此时要做的是让它自己耗尽精力，等它平静下来后再靠近它，用矛或长枪给它致命一击。鲸殒命后，船员们会用绳索和铁链将它固定在船体外，通常会在右舷。沿鲸身侧人们会沉下一块木板，之后就地切割鲸脂。这是一个漫长又精密的工作，人们先用锋利的铲子开始，最后用刀结束。一旦鲸的肉被剔光，只剩一副空骨架时就会被丢入海中，供鲨鱼和海鸟大餐一顿。人们从鲸尸体上不断提取鲸脂，与此同时，有人将鲸脂运到船上，并迅速炼成油。若捕获的是抹香鲸，人们会先割下它巨大的头单独处理，以便从中提取珍贵的鲸蜡。抹香鲸的猎捕比普通鲸危险得多，因为这种巨兽会把自己的大脑袋当作羊头撞锤直接撞向船只的侧翼。1820年发生在“埃塞克斯”号捕鲸船上的事故让梅尔维尔获得灵感，最终创作了著名小说《白鲸记》。

捕鲸过程中的危险

猎捕抹香鲸相比猎捕普通鲸更常见、更危险。捕鲸船会受到巨兽的残忍袭击，同时还要遭受南太平洋强烈风暴的摧残。捕猎鲸的关键技巧在于用鱼叉攻击鲸以及让它自己筋疲力尽。但鲸的动作非常吓人，尤其是当它受伤后，在它巨大的下颌前，捕鲸小船显得尤为脆弱。

安布罗斯·路易斯·加内雷，凹板腐蚀刻版画，描绘了一艘捕鲸船被抹香鲸摧毁的场面，1834年。南特克特历史学会博物馆

摩比·迪克

1819年8月，“埃塞克斯”号捕鲸船从南塔克特出发，这趟航程本应持续三十六个月。然而，启航一年后，船在大西洋上被一头巨大的抹香鲸击碎，最终遭遇海难。船上的二十名船员迅速登上三艘捕鲸小艇，万幸，他们还有时间带上为远航储备的食物和其他物资。接下来的几个月，他们在南太平洋上漂流，偶尔登上一些寸草不生的无人小岛。有三名船员最终选择在一座无人岛上驻扎。他们奇迹般地幸存了。剩余的十七名船员重新出发，但他们就没有三位同伴的幸运了。由于极端饥渴，这些船员不得不饮用海水，甚至吃掉他们相继死掉的同伴的尸体。当只剩九人时，仅存的两艘小艇被冲散了。由于实在饥饿难耐，第一艘捕鲸小艇上的四名幸存者决定抽签选出一人，他将被其

▸ 摩卡·迪克

摩卡·迪克是人们对一头19世纪初经常在南太平洋海域出没的白色抹香鲸的称呼。它体形巨大，力大无穷，其与众不同的肤色让它在所有捕鲸水手中甚是有名。耶利米·N. 雷诺兹从1839年起讲述与摩卡·迪克有关的故事，当时，摩卡·迪克还在世。耶利米的作品肯定给赫尔曼·梅尔维尔以灵感，使其最终创作出《白鲸记》一书。

耶利米·N. 雷诺兹，《摩卡·迪克》或《太平洋上的白鲸》，第2版，伦敦和格拉斯哥，卡梅伦和弗格森出版，1870年

MOCHA DICK
OR THE
WHITE WHALE OF THE PACIFIC
BY. J.N. REYNOLDS
CAMERON & FERGUSON
LONDON & GLASGOW

他三人吃掉。最终，年仅十八岁的欧文·科芬抽中了死签。之后，另一名水手因筋疲力尽而亡。1821年2月末，在智利海岸线附近被另一艘路过的渔船营救时，这艘捕鲸小艇上只剩两名幸存者。几乎在同一时间，另一艘捕鲸小艇上的三名幸存者（艇上原本有五名船员）也被营救。他们也吃了死在船上的另一名同伴的尸体，还有一人不幸坠入海中。在启航时出发的二十名船员中，只有八人存活：三人委身于亨德森岛，另外五人分散在两艘捕鲸小艇上偏航漂流，他们为得以幸存付出了同类相食的惨痛代价。这八名幸存者中有七位在不久之后重新出海，再次成为捕鲸水手。虽然有如噩梦般的往事萦绕心头，但依旧享受了漫长的余生。

19世纪30～50年代，“埃塞克斯”号捕鲸船的故事在水手间广为流传，但并不为大众所知。欧文·蔡斯在返回南塔克特后不久根据此次事件写了游记，但并未出版。几年后，欧文最小的儿子同赫尔曼·梅尔维尔一起阅读了这篇文章。梅尔维尔当时是商船上的见习水手，但对文学抱有雄心壮志。因为他对航海冒险很感兴趣，年轻的蔡斯在1841年将父亲的文章托付给他。“埃塞克斯”号的悲惨遭遇深深触动了梅尔维尔。九年后，在作为作家业已成名后，他开始为下一部小说选题，最终他以欧文·蔡斯的文章为灵感源泉创作了一部小说。但梅尔维尔彻底改变了故事梗概，并将抹香鲸塑造成非常重要的角色——船只沉没后一切悲剧的罪魁祸首。

1851年10月，小说以《鲸》为名在伦敦出版。几周后，小说以《摩比·迪克》(又译《白鲸记》)为名在纽约出版。摩比·迪克是当时流传于捕鲸水手中对鲸目动物的统称。除了书名不同外，梅尔维尔在美国出版的版本中还加入了几段英国编辑删去的章节。当时，编辑删去这几段的原因是觉得太过“文献化”。梅尔维尔的作品不仅讲述了一件悲剧性的不凡之事，他还花了许多笔墨描写捕鲸事业的黄金年代中捕鲸水手的生活。这种生活作者自己在年轻时也曾经历过。英国编辑也将梅尔维尔对经济、社会、风俗和《圣经》的长篇大论进行了缩写。在美国出版的版本中，这些内容重新被扩充，但这让针对本书的文学评论改变了话锋。事实上，梅尔维尔认为《白鲸记》是自己最棒的作品，然而在该书出版后的几十年内，这部作品并未获得成功。直到20世纪，该书才被译成外语(直到1941年才出现法语版)，之后又被改编成电影、戏剧、电视节目、儿童读物、连环画、歌剧、歌曲甚至电脑游戏。如今，《白鲸记》被视作美国文学的代表性作品。

小说的故事梗概不太容易被总结，一来因为篇幅较长，二来在故事主线中，作者穿插了很多其他章节，如对鲸目动物不同种类描写的章节及对捕鲸技巧、捕鲸产业带来的产品和财富的章节等。同时，作者以更加出其不意的方式穿插了对当时经

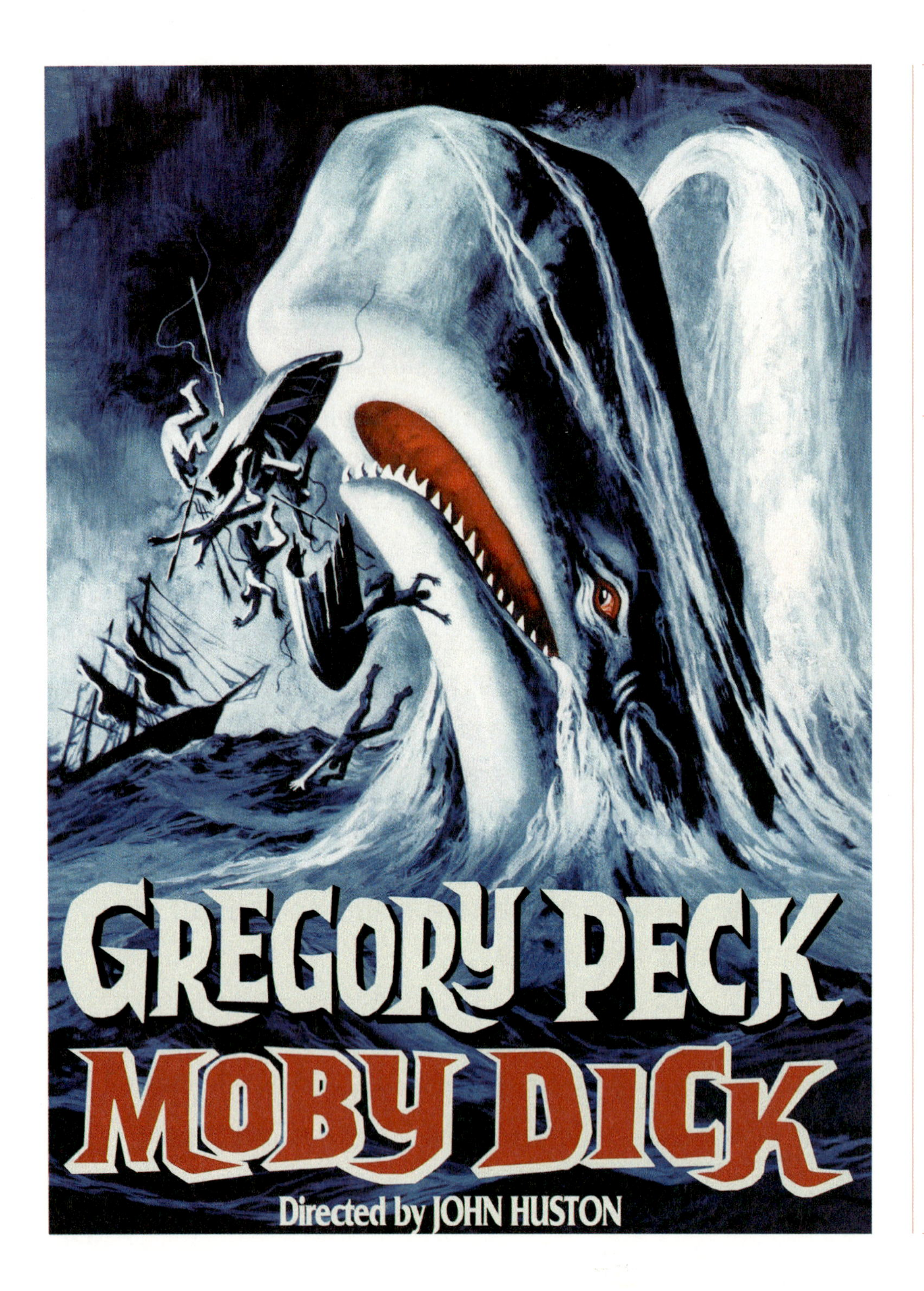
GREGORY PECK
MOBY DICK
Directed by JOHN HUSTON

济、贸易自由、社会阶层、善与恶甚至神的存在的论述。一艘捕鲸船追捕鲸的漫长航行归根结底是一场动物猎捕活动而非任何形而上学的探索。书中没有任何一个绝对正面的主要人物。故事的讲述者以实玛利确实比其他人物更平和，但也有畏首畏尾、犹豫不决的缺点，他一直在寻找自我，追寻他始终求而不得的信念感。这也是他登上亚哈船长指挥的捕鲸船"裴廓德"号的原因。作为一名普通水手，以实玛利很快意识到此次远航的主要目的并非捕鲸，而是要寻找一头神秘的白色抹香鲸，它身形巨大、性情凶猛，早些年，这头抹香鲸让专横的船长丢掉一条腿。船长心中的复仇之火从未熄灭，他带领团队开始了一场危险的航行。他们在不同的海域上漂流只为了重新找到那头抹香鲸，将其置于死地。这场漫长的搜寻最终引领他们来到南太平洋，在那儿迎来了悲剧性的结尾。在与白色抹香鲸争斗的过程中，亚哈船长被自己鱼叉上的绳索缠绕，被拖入海底无法

◂ **著名的小说，令人失望的电影**

1956年，由约翰·休斯顿导演、忠实还原梅尔维尔小说的电影被搬上银幕。这部影片的部分场景在爱尔兰拍摄。电影并未遵循小说情节来推进节奏。它的拍摄过程异常艰苦。某些海上场景本应使用纪录片中剪辑出的片段代替，但最终是在真正的风暴中拍摄，且拍摄前工作人员并未预测到风暴如此之强。影片中的摩比·迪克由一个机械模型扮演，那些强烈的风暴就好像这头抹香鲸的复仇。

约翰·休斯顿电影海报，《摩比·迪克》，1956年

脱身。“裴廓德”号也受到重创，几乎被摧毁，最终沉没，船上的船员与它一起消失在海面上。唯有以实玛利得以幸存，他借着一个形似棺材的木制品在海上漂流，最终被另一艘捕鲸船救起。

小说中充满了象征符号、隐喻形象及很多对希腊神话和《圣经》的暗指。书中的两位主要人物都是用《旧约》中的人名命名：亚哈是《圣经》中以色列一位大逆不道、被诅咒的国王，非常适合书中船长这一人物；以实玛利在《圣经》中是亚伯拉罕长子的名字，他的父亲曾将他逐入沙漠，他差点渴死。有些评注家认为以实玛利其实是梅尔维尔的象征，尤其是全书的第一句话，这句话很有名，但很难翻译：“请叫我以实玛利。若干年前，具体年份不重要，我身无分文，或者说几乎没什么钱，陆地上没有什么特别的事值得我留恋，重新启航的欲望支配着我，也许是想重新感受水手的生活，也许是想再次看看海平面。”如今，评注家们这一迷人的猜测再无人提及。

不得不说，亚哈船长是个特殊的人物。五十八岁的他是“裴廓德”号上唯一的主人。虽然缺了一条腿，但不妨碍他是一个强壮、勇敢的人。同时，他专制、暴躁，是个极端分子，或者可以说是半个疯子。他那用鲸骨头制成的假肢时刻加剧着他对鲸目动物的仇恨，他执着于找到摩比·迪克的念头几乎将他逼疯。读者从书中得知亚哈船长的母亲在他很小的时候疯了，时日不多便撒手人寰。因为他对复仇的疯狂，这位“在海上自封为神”的船长让三十名陪伴他的水手丧命。这三十人各有各的特征，作者不惜笔墨，为每个人描绘了细致的画像。除了以实玛利，还有好几个突出形象：如大副斯达巴克，他是唯一敢反抗船长的人，还有奎奎格和费达拉，后者是船上最奇怪的人之一。

在阅读这部小说的过程中，读者很快可以察觉，故事真正的主角并非亚哈船长而是摩比·迪克——这头巨型白色抹香鲸。这也是书名《白鲸记》的由来。作者曾反复描写这头白色抹香鲸，他将其塑造成“史上最大的抹香鲸”（但梅尔维尔没有引用任何具体数据论证这一说法）。这是一头白化的抹香鲸，体形巨大到令人望而胆寒，尤其是它那硕大无比的脑袋，它的背部有几条淡灰色斑纹。亚哈船长表示他可以凭借这头巨兽的不同特征一眼认出它：畸形的下颌骨、右肋多处鱼叉造成的伤口、布满皱纹的额头、气孔里喷射出的略有倾斜（而非垂直）的水柱。以实玛利则被这头抹香鲸的肤色及它头上的伤疤吓得够呛。他觉得那些伤疤好像圣书字，将这头魔鬼般的抹香鲸变成了某种超自然生物。这确实是一头极其凶恶残暴、诡计多端、执拗顽强的巨兽，它拥有超乎寻常的无情和智商，甚至超过人类。它来自何方读者无从知晓，更无法得知它在战胜亚哈船长后命运如何。它因伤而亡了吗？还是幸存下来了呢？直到全书终了，

作者对此也只字未提。它洁白肤色的象征意义作者也未明示。当然，抹香鲸的肤色与亚哈船长的黝黑皮肤形成对比，但我们能就此推断摩比·迪克象征着与亚哈船长之恶相对的善吗？这种猜测没有太多依据，“有一千个读者就有一千个哈姆雷特”，对此问题只能由读者评判。

另一种更加缺乏诗意的推测认为摩比·迪克其实就是摩卡·迪克，一头真实存在的雄性抹香鲸，19世纪初经常在南太平洋上作业的捕鲸水手都曾听过它的大名。当它为保护自己英勇斗争时，摩卡·迪克也是巨大、雪白、骇人的海洋生物，无人攻击它时则相对平静。和摩比·迪克一样，摩卡·迪克喷出的强劲水柱也会向前倾斜，而非垂直向上。在多次被鱼叉刺伤后都能逃脱，它一度被人认为是无可战胜的，然而最终于1838年被人杀死。梅尔维尔是因此生出了创作《白鲸记》的灵感

◂ **《白鲸记》结局**

在赫尔曼·梅尔维尔的小说中，他并未明确描述摩比·迪克在战胜亚哈船长后的命运。亚哈船长因被自己的鱼叉绳缠绕而窒息，最终沉入海底。“裴廓德”号和船上所有船员也失踪了，唯有故事的叙述者以实玛利侥幸逃生。然而，那只巨大的白色抹香鲸的命运如何呢？伤痕累累的它是否也沉尸海底？还是侥幸偷生了？读者大可自行想象它的结局。

詹姆斯·埃德温·麦康奈尔的石版画作品，《白鲸记》平装版封面画，创作于约1955年

吗？也许是吧，但无论是他的小说原文，还是他搜集的档案，甚至他的书信中都没有任何证据可以证明这种推测。

从儒勒·凡尔纳到匹诺曹

赫尔曼·梅尔维尔并非第一个，也非唯一一个将水手生活与捕鲸场面呈现在作品中的作者。早在1838年，埃德加·爱伦·坡就在自己的作品《阿瑟·戈登·皮姆历险记》中涉足相关主题。这部充满感情的青少年读物结构不佳，曾被文学批评家猛烈抨击，爱伦·坡甚至不愿承认它是自己的作品。但书中的故事引人入胜，充斥着大量反转和谜团，如海上风暴的描写、偶遇鲸、偶遇精灵船、南极海域的描写、主人公的神秘失踪等。和《白鲸记》一样，本书白色和黑色的象征意义对比贯穿全书，起到重要作用。

儒勒·凡尔纳最著名的小说《海底两万里》是世界上被翻译成最多语种，有史以来销量最大的小说之一。在这本书中，作者也曾描写过各种鲸目动物及一位捕鲸水手——加拿大人尼德·兰。这位捕鲸水手脾气暴躁，在他怒气消退之后，很喜欢和人讲述他曾经的捕鲸经历。《海底两万里》中有整整一章关于抹香鲸与长须鲸的内容。作者先引用了尼摩船长、阿隆纳斯教

《海底两万里》

儒勒·凡尔纳著名小说。小说描写了在全球各处海域中发现的一个骇人的巨型海怪：它行动迅速，身形呈梭形，发光，力大无穷，口鼻处形似一把锯，它摧毁途经的一切。阿隆纳斯教授认为，这海怪并非长须鲸而是一头巨型独角鲸。他在忠诚的仆人康塞尔的陪同下出发去寻找这只怪兽。在经历了各种冒险后，他们二人发现，海怪其实是一艘潜艇，且他们被奇怪的船长尼摩俘虏。

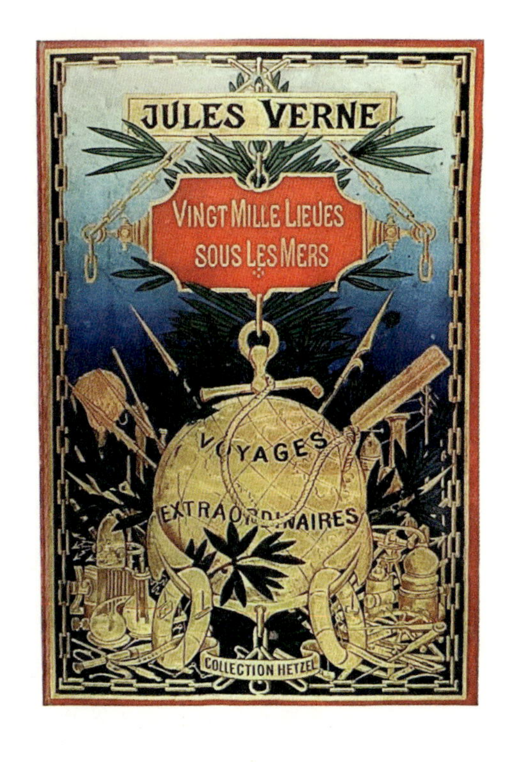

儒勒·凡尔纳所著《海底两万里》封面，赫泽尔出版，“奇异旅行”丛书，1869年

授和捕鲸水手尼德·兰的对话，之后为读者提供了大量有关抹香鲸和长须鲸的信息，最后，他描写了抹香鲸群进攻长须鲸的场景，及尼摩船长和水手保护长须鲸的场面。选段如下：

> “我要让你们开开眼，来一场你们从未见过的渔猎，”尼摩船长对教授说道，“面对这群残忍凶恶的鲸，没必要心慈手软，它们就像只长着嘴和牙似的！”
>
> 只有嘴和牙齿。真是贴切，长着大脑袋的抹香鲸不就是长这样吗？它的体长有时可超过25米。它硕大的脑袋几

> 乎占据了整个身体的1/3。它的“武装”比长须鲸厉害得多，后者只在上颚长着几条鲸须，抹香鲸却拥有25颗大牙，长约20厘米。它的牙齿呈圆柱形，顶端锋利无比，每颗牙都得有2斤重。在它巨大的脑袋的上半部分，有个由软骨隔开的腔室，里面有300～400千克珍贵的鲸脑油，也被称作“鲸白蜡”。抹香鲸长相丑陋，比起鱼，它更像蝌蚪。它的身体结构很不协调，整个左半部分都是有缺陷的，只能用右眼看东西。然而，那群丑八怪正在逼近。它们远远望见了长须鲸群，准备进攻。我们已经可以提前预见抹香鲸的胜利，不仅因为比起与世无争的对手，它们的身体更适合战斗，也因为它们可以在水下待更长的时间，不用频繁回到海面呼吸。是时候对长须鲸出手相救了。“鹦鹉螺”号在水中前行。(《海底两万里》，第2部分，第12章)

儒勒·凡尔纳在大部分作品中都乐于向读者普及一些科学知识。在《海底两万里》中，鲸类学知识成为作者关注的焦点。鲸类学是动物学的一个分支，当时处于蓬勃发展中。但作者并非该领域专家，他与读者分享的信息只能算常识，或者至少对于那些受过教育的人来说是常识。相信在19世纪下半叶，儒勒·凡尔纳的读者中没有人曾亲眼见过长须鲸，但他们中的某些人应该知道鲸并非鱼类，而是一种海洋哺乳动物。这些人也

以“鲸骨”支撑的紧身胸衣

从很早以前，人类就开始使用鲸须制作各种日常用品，尤其是工具和器皿。在现代，鲸须主要用于撑紧布料、伞骨或用于女性紧身胸衣上。紧身胸衣用于塑造女性身材，承托胸部、保持胯部形状，人们用鲸须制成有弹性的支撑薄片嵌入胸衣内部使其保持形状。因此，人们将紧身胸衣内部的支撑薄片称作“鲸骨”。

女性紧身胸衣（象牙色丝缎绣花），约1890年，美国学校。宾夕法尼亚州，费城艺术博物馆

不会将长须鲸和抹香鲸混为一谈。最有学识的读者甚至还会了解抹香鲸是一种凶残的食肉动物，长着一口吓人的牙齿，然而长须鲸并没有牙齿，只有鲸须。人们会使用鲸须制作各种日常用品：布料内有弹性的支撑薄片、伞骨，或紧身胸衣里的鲸骨。我们不禁要问，在约1860年或1900年，究竟是谁将女性紧身胸衣和这种巨型鲸类长相奇怪的下颌联系在一起的？在这两者之间，只有“鲸”这个词作为连接点。单凭这一点就足以建立长须鲸和女性内衣之间的联系了吗？要知道，胸衣内的鲸骨材质已经不再是鲸须而是金属了。如今，还有谁会说“胸罩的鲸骨”或“衬衣领子的鲸骨”吗？这些服饰早已大变样，而鲸须这种珍贵、罕见的材料早已从市场上消失，长须鲸也早已成为了保护动物。应该没有人再这样说了吧。

然而，在法语中，“baleine”（鲸）一词的借代意义历史非常悠久。15世纪，“baleine”就被用来指代人类用来支撑布料或对布料进行硬化处理时使用的坚韧、有弹性的小薄片了。16世

▸ **一堂科学课**

在儒勒·凡尔纳的小说中，鲸并未担当重要角色，但是在他书中有不少章节都借用鲸为大家普及了不少科学知识。鲸类学在《海底两万里》中成为焦点。作者为读者解释了为何鲸目动物不是鱼而是海中的哺乳动物，同时，他列举了长须鲸和抹香鲸的不同。毫无疑问，当时，许多读者对此并不知晓。

儒勒·凡尔纳《海底两万里》中的版画插画，赫泽尔出版，1869年

身陷危险的鲸

La baleine en perdition

纪，出现了“corps à baleines”（鲸骨胸衣）一词，用来指一种古老的女性紧身胸衣，这是一种可以使小腹平坦、修整身材、承托胸部的内衣。之后，胸衣逐渐变得复杂、挺括，但用真的鲸须制作的部分一直被沿用到19世纪。在英文中，“corset whale”（鲸骨胸衣）、“umbrella whale”（鲸骨雨伞）和“bra whale”（鲸骨胸罩）的出现比法语晚得多；在意大利语中，“balena di corsetto”（鲸骨胸衣）到16世纪才出现。

让我们再说回鲸。和其他动物（如猪、狗、狼、狐狸）不同，“baleine”（鲸）一词的引申义或隐喻含义不多，且历史相对较新。将一个块头很大的人称作“鲸”是在19世纪下半叶之后才出现的用法，且经常用在女性身上。用这样的方式形容一个人并非凌辱，只是客观描述事实，没有太多贬义成分。这样说甚至显得很深情。俗语中有时会将非常肥胖的男士称作“抹香鲸”，但这种用法并不常见，且含有批评意味，有无精打采、愚蠢迟钝、荒唐可笑的言外之意。然而，抹香鲸的脾气秉性并非如此。法语中还存在一个表达，“rire comme une baleine”*，意思是张大嘴巴哈哈大笑，就像鲸亮出鲸须时的样子。这个表达似乎是专属于法语的，可以上溯至19世纪。英文中的类似表达是“to laugh like a horse”（直译为：像马一样笑），更古老些的

* 直译为：像鲸一样笑。

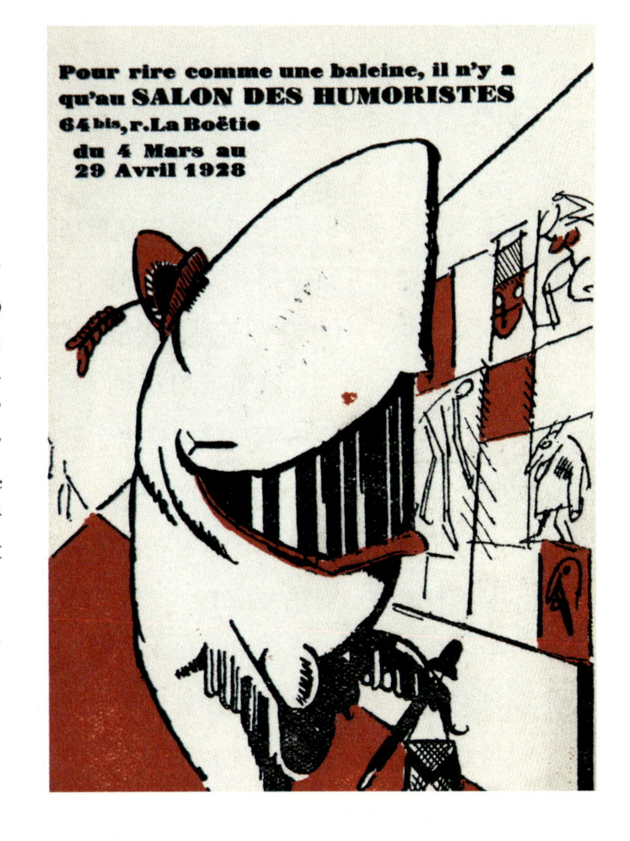

“像鲸一样笑”

法语中的表达“rire comme une baleine”（直译为：像鲸一样笑）至多上溯至19世纪。这一词组意指放声大笑，嘴巴大张，好像鲸张大嘴巴，露出鲸须一样。它的同义词组是“rire aux éclats”（哈哈大笑）或“rire à gorge déployée”（张大嘴巴，放声大笑），俚语为“se bidonner”（捧腹大笑），即笑到肚子疼。类似的词组在德语、英语、意大利语中都不存在。

巴黎某“幽默沙龙”的宣传卡片，1928年3～4月

用法是“to grin like a Cheshire cat”（直译为：像柴郡猫一样咧嘴笑），因为柴郡出产的奶酪标签和柴郡的招牌上都有一只咧嘴笑的猫。出身柴郡的刘易斯·卡罗尔在《爱丽丝梦游仙境》（1865）中将柴郡猫塑造成一个奇怪的、有些魔幻的角色。然而，柴郡猫早在这部作品前已经家喻户晓了。

从19世纪起，有一定学识的公众就不再将鲸归为鱼类，但普通民众依旧将它们看作鱼，他们始终将“捕鲸”称作“钓鲸”。“捕鲸”是一个非常现代的词语，也是一个技术性词语，

不太像大众的日常用语，至少在法语中是这样。此外，在绝大多数歌曲和儿童读物中鲸目动物都被当作鱼，因此，“鱼”这个词从古代、中世纪一直到当代早期都表示生活在水中的动物。既然鲸是一种鱼，那就要用动词“钓”来搭配。因此，不能一味强调“钓鲸”一词的搭配错误，这样做甚至会被认为过于迂腐、教条或对渔业和渔民的蔑视。

同理，非要确认《圣经》中吞掉约拿的海怪到底是大鱼还是某种鲸目动物并无意义。《约拿书》和所有《旧约》中的其他卷一样，内容根据版本、译本而变化，尤其是动物的名称和颜色。文献学有时会被这样或那样的词迷惑，这些词在阿拉米语中相对晦涩，在希伯来语中拥有多义，在希腊语中存在争议，在拉丁语中有单一意思但当代地方性语言中却有不同的翻译方式。吞掉约拿的生物就属于这种情况。这个怪兽在希伯来语和希腊语版本中还未被称作“鲸”，但在之后的拉丁文版本中就被描绘成了“鲸”，并且在绝大多数当代翻译版本中保持了“鲸”这一说法，之后又被充满审慎和精确研究精神的学术界质疑。这种研究过于追求文本的实证科学，反而忘了《圣经》是一本充满图像、象征与比喻的书籍。试图从文献学和动物学的角度极尽精确地确定吞食约拿的生物种类并无太大意义，且违背了文本的精神。因此，让我们尊重中世纪的翻译方式，继续认为那是一头鲸。这样，先知的故事将变得更加富有力量。

约拿的故事如此，匹诺曹的故事也是如此。匹诺曹的故事最初由记者卡洛·科洛迪面向儿童分卷出版，后来于1883年以《木偶奇遇记》为名出版。因为章节较多、情节跌宕起伏，此书的内容概述并非三言两语可以完成。一天，生活拮据的木匠皮帕诺用一块木头创作了一个提线木偶。这个木偶很快获得了生命，他闯祸、恶作剧、不听话、说谎（当他说谎时，鼻子会变长），总之，只会惹皮帕诺生气。之后，匹诺曹游遍整个玩儿国并在那里烧毁了双脚。皮帕诺只能重新为他做一双脚。之后，匹诺曹经历了一系列冒险：他被关进笼子、被送进监狱、在鸡圈当看门狗、被猫攻击、被狐狸吊在树上、被蓝发仙女救、变成毛驴、在马戏团表演。之后他被扔进海里，被一条大鱼吞进肚子，在那里他与皮帕诺重逢。最终，两个人成功地从大鱼肚子中逃脱。匹诺曹重新变得听话、踏实、认真学习。一天早上，当他醒来时，他变成了一个真正的小男孩。

卡洛·科洛迪创作的意大利语原文最初于1881年在《儿童日报》上连载，1883年最终成集出版。在连载作品和最终出版作品之间存在多处改动。然而无论哪个版本都从未提到鲸，只提到“白色的大鲨鱼”（意大利语原文为：*un grande squalo bianco*）。这个像“鱼和渔民的阿提拉”一样的怪兽令人生畏，可置人于死地。之后，作品被改编成连环画和动画片，在这些改编作品中，鲨鱼被改成了鲸。1940年，在迪士尼出品的电影

一位新约拿——匹诺曹

在匹诺曹故事的最初版本中，他并不是被鲸吞掉，而是被“一只巨大的白色鲨鱼”吞进腹中。后世的翻译与改编版本将鲨鱼变成鲸，也将匹诺曹打造成了新约拿。但是，在鲸肚子里的匹诺曹并不像约拿一样孤身一人，而是有皮帕诺陪在身边（有时还有其他同伴）。且两人最终得救，并非因为鲸收到了将他们吐出的指令，而是因为这头鲸太过固执愚蠢，自己在悬崖上撞碎了脑袋。

卡洛·科洛迪创作的著名作品《木偶奇遇记》宣传画，展示了匹诺曹和皮帕诺在鲸腹中重逢的场景。宣传卡片，1961年

▸ **鲸剧院**

1893年，在距离多维尔（卡尔瓦多斯省）不远的维莱尔维尔海滩上，一头鲸搁浅。当地赌场的老板、著名男高音西蒙·马克斯突发奇想，用鲸皮搭了一个帐篷，并将其用作剧院。大约80人一起在这座剧院中观看了一场名叫《再见若纳斯》的歌唱表演。剧院一举成名，蓬勃发展，甚至一度搬迁至巴黎赌场。鲸剧院继续在巴黎举办演出，1897年，一场大火让鲸剧院灰飞烟灭。

宣传海报，19世纪末。巴黎，卡纳瓦雷博物馆

中，一头名叫“莫斯特欧”的巨鲸被搬上银幕。它巨大的块头和凌厉的眼神能把人吓破胆，尤其是当它正对观众时，人们可以清晰地看到它嘴里并没有鲸须，而是一口锋利的牙齿。它的嘴大到可以将一整条船吞掉，皮帕诺和同伴的船就是让它一口吞掉的。它凶残、爱记仇，但脑子不大灵光，它最终因为愚蠢，

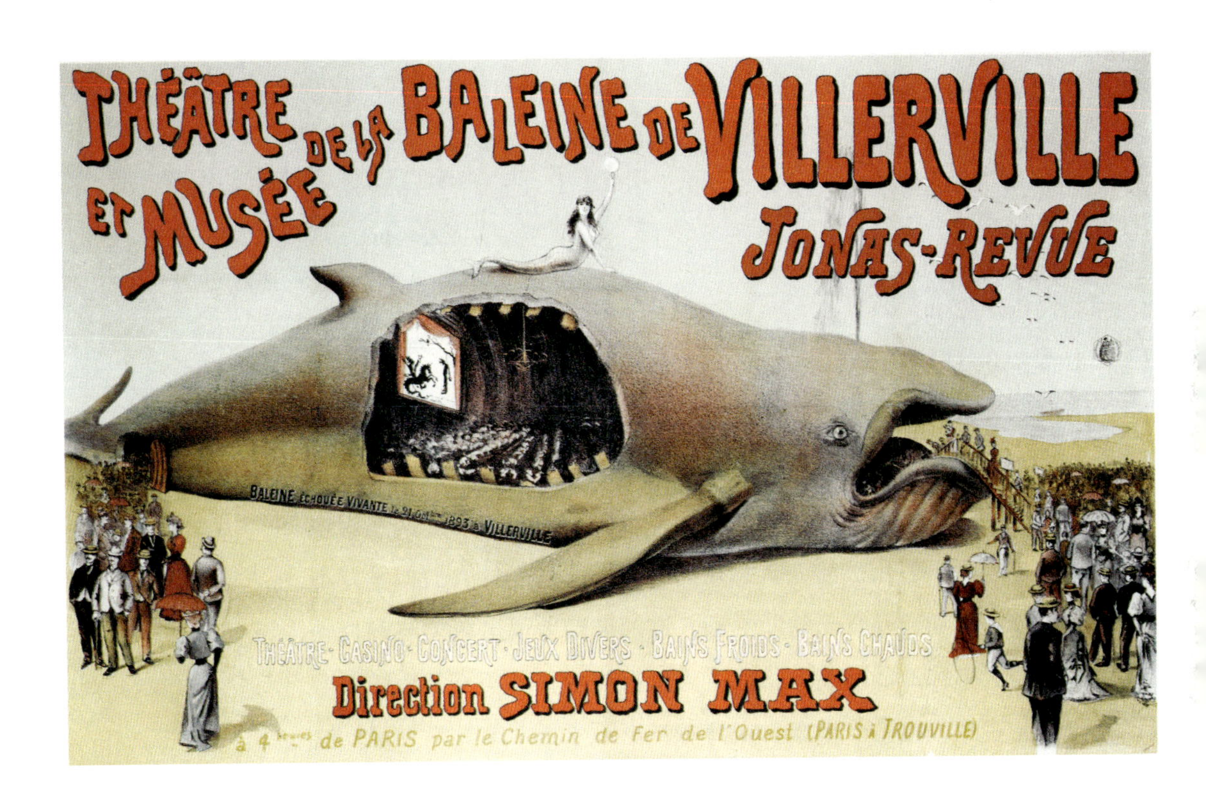

自己撞上悬崖，撞碎了脑袋。那大脑袋和抹香鲸不相上下。

“二战”后，迪士尼影片中深入人心的鲸形象影响了之后对科洛迪作品的改编，鲸的形象扎根在被画在画册中或搬到舞台上的匹诺曹的故事里：动画电影、连环画、电视连续剧、戏剧、歌剧、儿童剧、游戏、主题公园等。这个小提线木偶在全球范围内大获成功，虽然故事中的鲨鱼被改成了鲸，但猛兽的凶狠与长着锋利牙齿的骇人下颌始终存在。不得不提的是，即使在21世纪，很多读者和观众也搞不清楚鲨鱼与鲸的明确区别。许多人仍然认为鲸是一种鱼，另一些自诩博学的人则将鲨鱼归入鲸目动物。只有拥有相当丰富的鱼类学知识的人才知道什么是鲸鲨——世界上已知体形最大的鱼类，从不伤人。

今日的鲸

大众常识并不包含这些鱼类学知识。如今，无论是在动物学还是其他领域，专业研究的认知与大众认知之间的沟壑貌似越拉越大。不久以前大众熟知的很多概念如今的人们似乎并不了解，比如“鲸目动物”一词。谁能准确地说出鱼类与鲸目动物的区别？谁能准确地将以下大型海洋生物分类：独角鲸、海豹、鲨鱼、鳁鲸、海象、鼠海豚？更不要提“鲸类学”了！这个词对于大众来说完全陌生，它显得遥不可及，一来因为不断被细化的分类，二来归咎于它晦涩难懂的术语。谁能知道、理解、记住如此繁复的词语：须鲸亚目、齿鲸亚目、鼠海豚科、喙鲸属、剑吻鲸科等？和鸟类学、昆虫学、植物学一样，鲸类学包含的种和亚种规模不断扩大，导致传统的简单分类和易懂词汇逐渐消失。分类变得如此细致，不久之后，物种的名称也会被质疑甚至被弃用，也许会被亚种、变种或亚变种名称取代。

上述言论并非批评，专家们使用专属于自己领域的精确词汇、分类、概念无可厚非。在某些动物学分支中，虽然有许多科普著作，民众也有很强的求知欲，但科学与大众认知间的相背而行越来越严重。如今，很多人在看到某种既非海象也非海豹的大型海洋生物时，就将它认作鲸。有些人听说过“抹香鲸”一词，但和中世纪的认知一样，他们将这个词与雄性鲸连在一起。另一些人认为抹香鲸指体形最大的长须鲸，他们对此言之凿凿：因为抹香鲸比后者更凶猛更残暴。个中原因确实因为长须鲸或抹香鲸都不是常见之物，且如今的纪录片或电视节目的教育性也越来越低，博眼球的热点新闻比起真正具有教育意义的节目更受媒体青睐。

这也许可以解释为什么当我们让孩子们画鲸时，他们几乎永远会画一头抹香鲸，也就是说一个长着巨大的脑袋、平直的

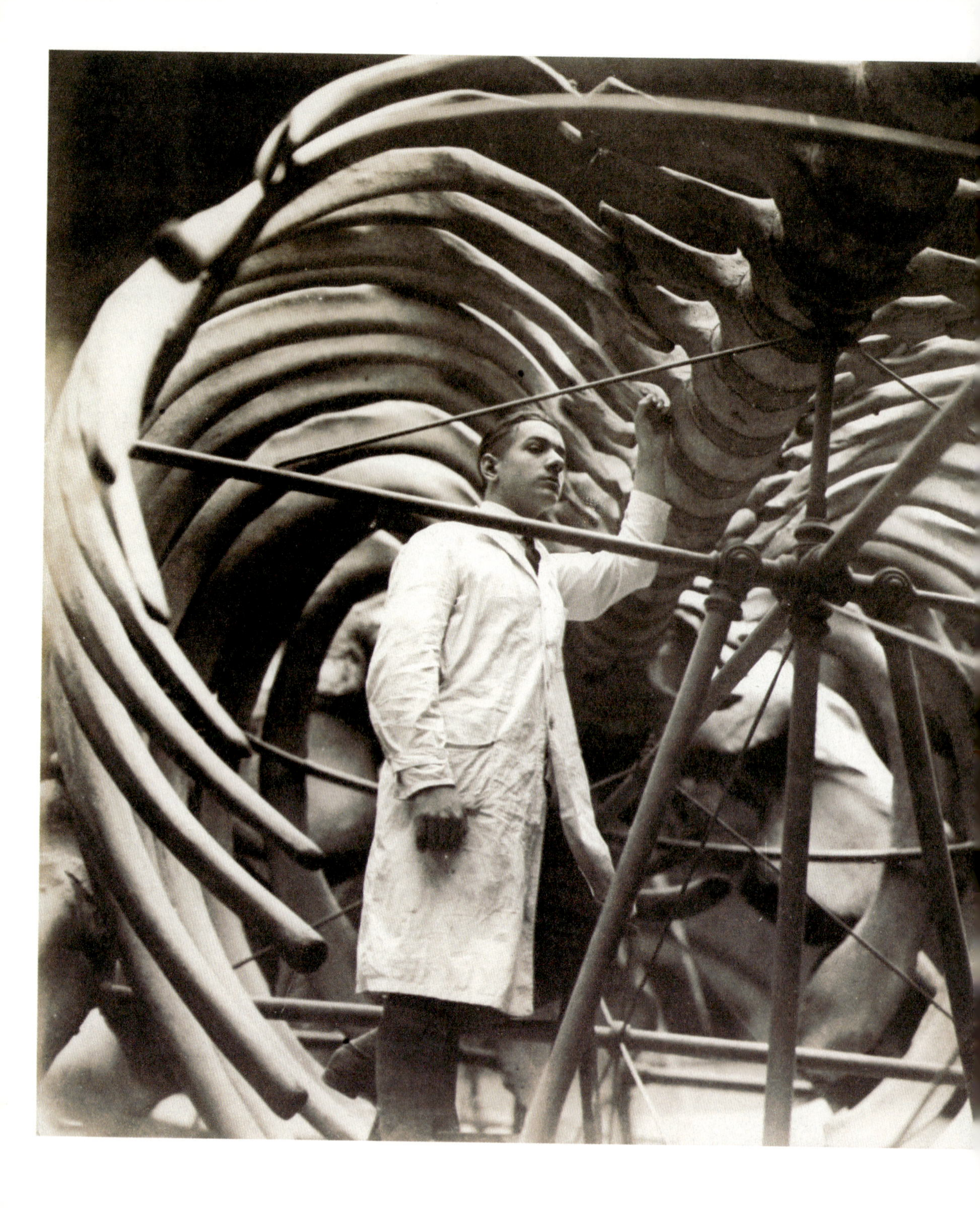

在鲸骨架里

如今，去鲸腹内参观的并非匹诺曹或约拿，而是考古学家、博物学家、博物馆负责人。他们试图为大众重新复原这种巨型生物的骨架，人们在世界各地发现了各种鲸骨头。鲸的肋骨是最震撼的，它们形状圆润，体积巨大。当代早期，人们经常用鲸的肋骨制作围栏、小船的框架或长廊的穹顶。

1925年在柏林自然历史博物馆展出的巨型抹香鲸骨架

“鲸巴士”，形似会飞的鲸

19世纪末，人们对科学抱以强烈的信仰，大家热衷于想象未来的交通工具，这份想象甚至带着些许幽默感。极具代表性的当数“鲸巴士”，这是一种可以在空中飞行的有轨电车，形似可以飞翔的鲸。“鲸巴士”在各种广告宣传物料上随处可见（上图是一种肉汤品牌），它还常出现在青少年读物、漫画书以及学生用的垫板上。

广告卡片，“2000年的鲸巴士”，19世纪末。私人收藏

额头、尖利的牙齿的动物。通常还会加上从头顶喷出的水柱，水柱还会从中间分成两绺，对称地洒在这个体形巨大的动物的背上。碰上个绘画技巧不够纯熟的小朋友，这水柱看起来就像一棵棕榈树或者头上装饰的羽毛，让人不禁一笑。另外，孩子们笔下的鲸尾巴从来不是真正的鲸目动物的尾巴。他们总是为鲸加上鱼尾，也就是说是顺着身体延长出去的尾巴，而非与身体垂直。尾巴确实不好画，若想画好，必须掌握透视技法，将画变成三维的，但这几乎无法实现。因此，鲸的尾巴被画在一个平面图像中，这意味着，在简化图像中，鲸确实是鱼类。

但这都不重要。孩子笔下的鲸之所以为鲸是因为它的体形巨大，生活在海中，身形奇怪。这些是鲸在儿童画中的特征——有时也是成人笔下的鲸的特征：一个轮廓模糊但巨大、圆润的形象。在这种生物身上，脂肪好像掩盖了所有细节。鲸如此，熊、猪也是如此。这三种动物都很胖，都深受孩子喜爱，而且简单易临摹。比起鹿或者马，画这些动物要容易得多，且这些动物形象都蕴含丰富的象征意义。历史学家甚至可以提出一种假设：某种动物在想象中或象征体系里的地位越重要，它在各种图像中呈现的样子和其真实样貌差距越大。我们精神世界中为这些动物塑造了足够丰满的形象，没必要再加上科学描述或照片，用以呈现一个过分精确的实际样貌。相反，太过现实主义会扼杀想象。不可否认的是，鲸长久以来一直在引发人的幻想，并且会持续下去。

在面向少儿读者的图书中，鲸的地位越来越重要就是例证。狼也是长期受人侮辱、令人害怕的动物，它和鲸一起成为动物寓言作品中的明星。它们不再让人害怕，反而重新被重视、被喜爱，至少在少儿读物中是如此。某些故事被重写，如三只小猪的故事：如今的故事中没有“可恶的大灰狼”，反倒成了“善良的狼和三只坏蛋小猪”的故事。鲸的“人设”也经历了同样的反转：曾经是一肚子坏水、奸邪狡诈、残忍、贪吃、令人害怕的形象，如今成为了与世无争、引人好奇甚至无比温柔的动物。现在，这种巨型生物受到人类贪欲和恶行的折磨，让人对它又多生出一些怜悯。

鲸形象的反转可能与过度捕杀及如今涉及所有大型海洋生物的威胁有关。在全球范围内，鲸似乎在被不合理地、无度地

► **在童书中**

如今，童书赋予鲸更重要、更具价值的地位，这和其在中世纪及现代呈现的形象截然不同。这种变化并非缓缓而至。在短短几十年间，鲸的形象就发生了翻天覆地的变化。19世纪末，当人们意识到这种动物正在受到人类的贪欲与残忍的折磨，可能会因此而灭绝时，在仅仅一两代人的时间内，“坏鲸”的形象就被和善、慷慨、人类的朋友等标签代替，鲸甚至成为岌岌可危的自然环境的象征。

玛丽克·滕·伯奇、杰西·古森斯，《北极》，巴黎，世界路出版社，2022年（翻译自荷兰语作品）

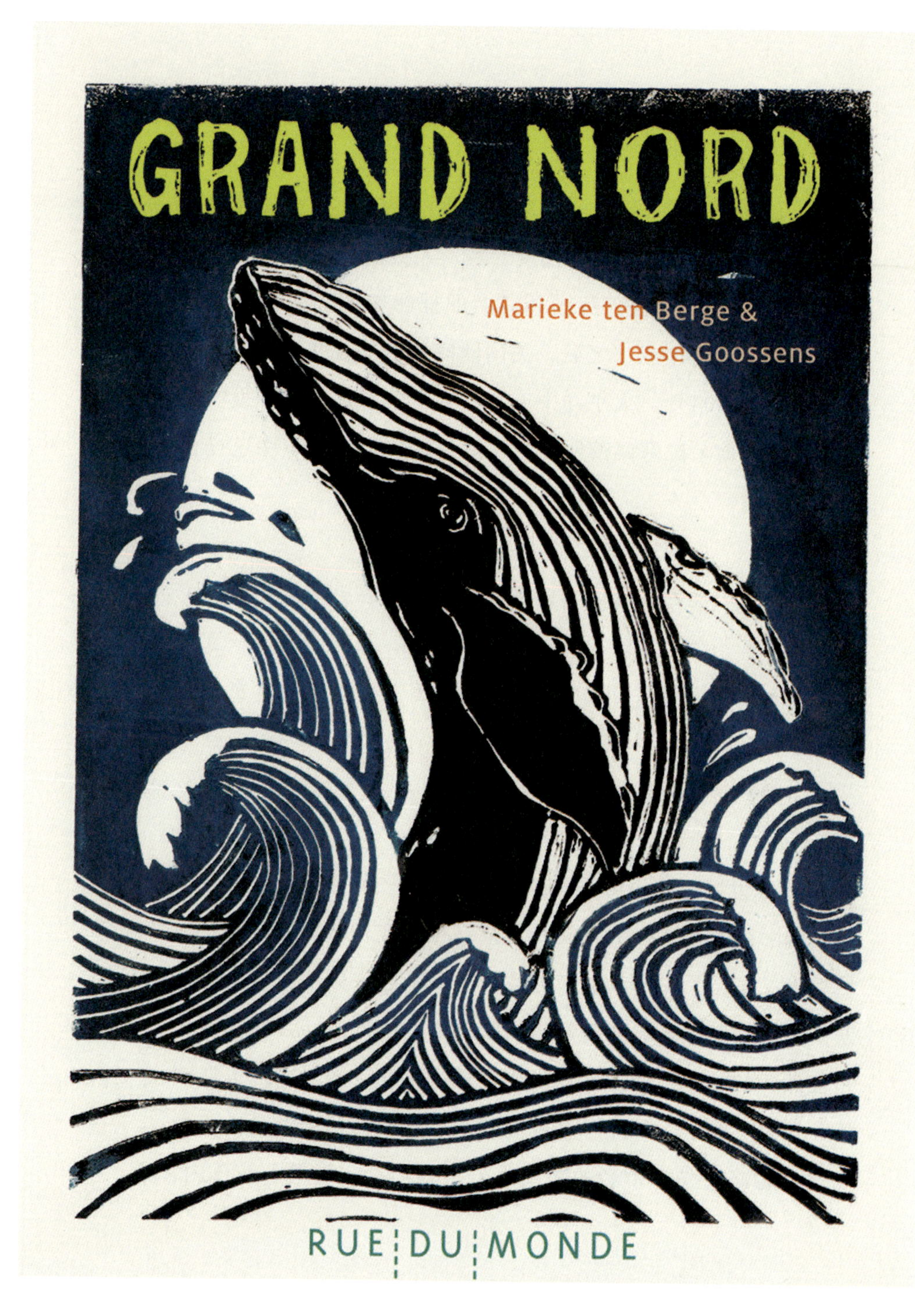
GRAND NORD
Marieke ten Berge &
Jesse Goossens
RUE DU MONDE

捕杀，更糟糕的是，这是一种濒临灭绝的生物。造成其濒临灭绝的原因很多，最主要的是过度开发。人类的捕鲸活动开始得太早了，从16世纪起，英国和荷兰的捕鲸船就开始在斯瓦尔巴群岛和纽芬兰作业，之后，美国捕鲸船的航程几乎覆盖了整个大西洋。1804年，太平洋中丰富的鲸类资源还未被开发，当年艾蒂安·德·拉塞佩德所著的《鲸目动物自然史》中这样记载道：

> 在人类的武器之下，巨大的海洋正在走向灭亡。人类的天赋不朽，人类的科学研究无尽头，因此，鲸将一直成为人类追逐利益道路上的受害者，直到最终灭亡。在人类面前，鲸无处可逃：人类的技艺能将他们送到大海的各个角落，鲸的避难所终是虚无。

在19世纪初这些句子听起来甚是新鲜，200年后的今天呢？虽然国际捕鲸委员会于1946年建立，虽然实行了配额政策，虽然后来又实行了短期禁捕鲸的政策，虽然后来该政策变为严格禁令，但幸存下来的鲸数量仍然跌至史上最低点。一切努力皆是枉然。1864年，捕鲸活动发生了质的变化。当时挪威人斯文德·福因发明了一种残忍高效的捕鲸用鱼叉：这种鱼叉由大炮发射，能够在50～60米的距离内击中猎物。一旦进入鲸体内，鱼叉便会展开成星形，释放出酸和火药，引发爆炸。鲸在几分钟内即会死亡，而不是像使用手持鱼叉和传统技术那样需要数小时。这一发明使挪威人在捕鲸活动中取得了领导地位。他们冒险进入人迹罕至的北极和南极海域，在那里建立了临时捕鲸站，开始捕猎那些此前因速度太快而被放过的动物：鳁鲸。这些鲸一旦被杀死，尸体会迅速沉入海底。

从那时起，针对各种鲸的大屠杀开始了，再加上很快俄国人和日本人也效仿挪威人，建立了新的捕鲸站，并拥有了大型捕鲸加工船。与此同时，捕鲸武器和设备也得到完善：人们利用电力将鱼叉发射得更远，并使用声呐在全球范围内追踪鲸。年捕获量呈指数级增长：1880年左右，约有1500头须鲸和抹香鲸被捕杀；1900年左右，约有5000头；1910年，约有10000头；1921年，约有超过15000头；1926年，约有27000头；1931年，约有44000头；1938年，有超过57000头。当时，已经有某些种类的鲸濒临灭绝，如大西洋和北太平洋中的露脊鲸，及大型须鲸——蓝鲸，它也是地球上现存体形最大的动物。

第二次世界大战让鲸种群有了短暂的喘息机会。但1946年起，大规模捕杀再次开始。接下来的几十年中，国际捕鲸委员会采取了各种各样的措施，虽然在一定程度上减缓了捕鲸的速度，但并未能完全阻止捕鲸活动。一些国家永久性地解散了他们的捕鲸舰队（如英国、荷兰）；一些国家虽然做出承诺但未能履行（如苏联及后来的俄罗斯）；还有一些国家则撤回了承诺，明确表示要继续捕鲸，称这一做法在他们国家是“祖传的”（如挪威、冰岛、日本）。诚然，这些国家大规模缩减了捕鲸量，并严格测算了每个种群中存活的个体数量，但对于他们来说，捕鲸仍然是一项此时此刻正在进行的事情，就像某些以捕鲸为生的原住民族一样（如格陵兰人、加拿大和阿拉斯加的因纽特人以及西伯利亚和加勒比海地区的某些沿海居民）。如今，人类的捕鲸活动涉及十余种大型鲸类，全球的年捕获量约为1000～2000头。

在其他地区，商业性的捕鲸活动已经被赏鲸代替。人们到鲸长期生存的环境中观赏鲸，这种不以捕食为目的的活动作为一种旅游形式正在蓬勃发展。这项活动能带来巨大商机，并催生了许多与海洋相关的职业，或让某些已经存在的职业重获新生。但这种与鲸目动物的新型关系也并非十全十美。它在生态上具有污染性，在伦理上存在争议：船只数量过多；不遵守接近鲸类的速度和最小距离要求；大量废弃物被扔入海中；交通和活动频繁，噪声干扰严重；将动物变成马戏团表演的小丑等。鲸类动物的社会生活被严重干扰，尤其是其行为习性。赏鲸活动给鲸带来的恐惧和捕鲸活动一样大。在完全不伤害鲸的前提下赏鲸是不可能的，且旅游性质的赏鲸活动毫无意义，既无教育价值，也无法催生新的科学发现。为何不让赏鲸专属于科学

当代建筑

某种动物在人类想象世界中的地位越重要，其在各种艺术作品中被呈现出的形象越偏离其真实样貌。鲸就是很好的例子：在绘画、版画、雕刻、雕塑或建筑创作中，它的身形要么被简化、要么被夸张、要么被扭曲、要么会变形，但无论如何改造，仍能被认出是鲸。

雷纳·索菲娅大剧院，圣地亚哥·卡拉特拉瓦设计。巴伦西亚（西班牙），艺术及科学之城

家呢？通常情况下，在赏鲸过程中游客们什么都看不到，或者说看不到什么奇观异景，他们能收获的喜悦非常有限。然而，他们的出现却能轻而易举引起鲸恐慌，干扰其生活，污染纯净的海洋。

环境污染如今成为另一个威胁所有鲸目动物和所有陆上、海上生命的巨大危险。因此，处于稀少甚至濒临灭绝状态的不幸的鲸已经成为一种标志和象征：它是环境保护斗争的标志，是动物世界生存的象征。拯救鲸，就是拯救地球。

资料与参考书目

1. 起源

古典文本

Aristote, *De generatione animalium*, éd. et trad. P. Louis, Paris, 1961.
Aristote, *De partibus animalium*, éd. et trad. P. Louis, Paris, 1956.
Aristote, *Historia animalium*, éd. et trad. A. L. Peck et D. M. Balme, Londres, 1965-1990, 3 vol.
Élien (Claudius Aelianus), *De natura animalium libri XVII*, éd. R. Hercher, Leipzig, 1864-1866, 2 vol.
Élien (Claudius Aelianus), *De natura animalium libri XVII*, éd. A. F. Scholfield, Cambridge (É.-U.), 1958-1959, 3 vol.
Oppien de Corycos, *Halieutika* (*Les Halieutiques*), éd. F. Fajen, Stuttgart et Leipzig, 1999.
Pline l'Ancien (C. Plinius Secundus), *Naturalis historia*, éd. A. Ernout, J. André *et alii*, Paris, 1947-1985, 37 vol.
Solin (Caius Julius Solinus), *Collectanea rerum memorabilium*, éd. Th. Mommsen, 2e éd., Berlin, 1895.
Strabon, *Géographie*, livres 1 et 2, éd. G. Aujac, Paris, 1969, 2 vol.

中世纪文本

Albert le Grand (Albertus Magnus), *De animalibus libri XXVI*, éd. H. Stadler, Münster, 1916-1920, 2 vol.
Alexandre Neckam (Alexander Neckam), *De naturis rerum libri duo*, éd. T. Wright, Londres, 1863 (*Rerum brittanicarum medii aevi scriptores, Roll series*, 34).
Barthélemy l'Anglais (Bartholomaeus Anglicus), *De proprietatibus rerum...*, Francfort-sur-le-Main, 1601 (réimpr. Francfort-sur-le-Main, 1964).
Benedeit, *Le Voyage de saint Brendan*, éd. E. Ruhe, Munich, 1977.
Bestiari medievali, éd. L. Morini, Turin, 1996.
Brunet Latin (Brunetto Latini), *Li livres dou Tresor*, éd. Francis J. Carmody, Berkeley, 1948.
Guillaume le Clerc, *Le Bestiaire divin*, éd. C. Hippeau, Caen, 1882.
Isidore de Séville (Isidorus Hispalensis), *Etymologiae seu origines*, livre XII, éd. J. André, Paris, 1986.
Konrad von Megenberg, *Das Buch der Natur*, éd. R. Luff et G. Steer, Tübingen, 2003.
Navigatio sancti Brendani abbatis, éd. C. Selmer, Notre-Dame (É.-U.), 1959.
Philippe de Thaon, *Bestiaire*, éd. E. Walberg, Lund et Paris, 1900.
Pierre de Beauvais, *Bestiaire*, éd. C. Cahier et A. Martin, dans *Mélanges d'archéologie, d'histoire et de littérature*, t. 2, 1851, p. 85-100 et 106-232 ; t. 3, 1853, p. 203-288 ; t. 4, 1856, p. 55-87.
Pseudo-Hugues de Saint-Victor, *De bestiis et aliis rebus*, dans *Patrologia Latina*, vol. 177, col. 15-164.
Raban Maur (Hrabanus Maurus), *De universo*, dans *Patrologia Latina*, vol. 111, col. 9-614.
Richard de Fournival, *Le Bestiaire d'Amours*, éd. G. Bianciotto, Paris, 2009.
Saxo Grammaticus, *Gesta Danorum*, éd. J. Olrik et H. Raeder, Copenhague, 1931.
Thomas de Cantimpré (Thomas Cantimpratensis), *Liber de natura rerum*, éd. H. Böse, Berlin, 1973.
Vincent de Beauvais (Vincentius Bellovacensis), *Speculum naturale*, Douai, 1624 (réimpr. Graz, 1965).

现当代文本

Aldrovandi (Ulisse), *De piscibus libri V, et De cetis liber unus*, Bologne, 1638.
Belon (Pierre), *L'Histoire naturelle des estranges poissons marins, avec la vraye peincture et description du daulphin et de plusieurs autres de son espèce*, Paris, R. Chaudière, 1551.

Belon (Pierre), *De aquatilibus libri duo cum iconibus ad vivam ipsorum effigiem quoad ejus fieri potuit expressis*, Paris, Charles Estienne, 1553.
Belon (Pierre), *La Nature et diversité des poissons, avec leurs pourtraictz représentez au plus près du naturel*, Paris, Charles Estienne, 1555.
Collodi (Carlo), *Le avventure di Pinocchio*, Florence, 1883.
Gessner (Conrad), *Historia animalium, liber IIII qui est de piscium et aquatilium animantium natura*, Zurich, C. Froscher, 1558.
Lacépède (Bernard-Germain de), *Histoire naturelle des cétacés*, Paris, 1804.
Magnus (Olaus), *Carta marina et descriptio septemtrionalium terrarum ac mirabilium rerum...*, Venise, 1539.
Magnus (Olaus), *Historia de gentibus septentrionalibus*, Rome, 1555.
Melville (Herman), *Moby-Dick, or the Whale*, New York, 1851.
Rabelais (François), *Le Quart Livre des faicts et dicts heroiques du bon Pantagruel*, Paris, Michel Fezandat, 1552.
Ray (John) et Willughby (Francis), *Historia piscium*, Oxford, 1686.
Rondelet (Guillaume), *De piscibus marinis libri XVIII*, Lyon, Matthiam Bonhomme, 1554.
Rondelet (Guillaume), *Universae aquatilium historiae pars altera, cum veris ipsorum imaginibus*, Lyon, Matthiam Bonhomme, 1555.
Rondelet (Guillaume), *L'Histoire entière des poissons... Avec leurs portraits au naïf*, Lyon, Macé Bonhome, 1558.
Verne (Jules), *Vingt Mille Lieues sous les mers*, Paris, 1869-1870, 2 vol.

2. 动物学史和鱼类学史

Bäumer (Anne), *Zoologie der Renaissance, Renaissance der Zoologie*, Francfort-sur-le-Main, 1991.
Braun (Lucien), *Conrad Gessner*, Genève, 1990.
Cassin (Barbara) et Labarrière (Jean-Louis), éd., *L'Animal dans l'Antiquité*, Paris, 1997.
Chaix (Louis) et Méniel (Patrick), *Archéozoologie. Les animaux et l'archéozoologie*, Paris, 2001.
Couret (A.) et Ogé (F.), éd., *Homme, animal, société. Actes du colloque de Toulouse, 1987*, Toulouse, 1989, 3 vol.
Crosby (W.), *Ecological Imperialism : The Biological Expansion of Europe, 900-1900*, Cambridge (G.-B.), 1986.
Delaunay (Paul), *Pierre Belon, naturaliste*, Le Mans, 1926.
Delaunay (Paul), *La Zoologie au XVIe siècle*, 2e éd., Paris, 1997.
Delort (Robert), *Les animaux ont une histoire*, Paris, 1984.
Desse (Jesse) et Audoin-Rouzeau (Frédérique), dir., *Exploitation des animaux sauvages à travers le temps*, Juan-les-Pins, 1993.
Diolé (Philippe), *Les Animaux malades de l'homme*, Paris, 1974.
Jordan (David S.), *A Guide to the Study of Fishes*, New York, 1905, 2 vol.
Gudger (Eugene Willis), « The Five Great Naturalists of the Sixteenth Century : Belon, Rondelet, Salviani, Gesner, Aldrovandi », *Isis*, vol. 22, 1934, p. 21-40.
Keller (Oskar), *Die antike Tierwelt*, Leipzig, 1909-1913, 2 vol.
Manquat (Maurise), *Aristote naturaliste*, Paris, 1932.
Nissen (Claus), *Die zoologische Buchillustration, ihre Bibliographie und Geschichte*, Stuttgart, 1969-1978, 2 vol.
Pastoureau (Michel), *Les Animaux célèbres*, Paris, 2002.
Pellegrin (Pierre), *La Classification des animaux chez Aristote*, Paris, 1983.
Roule (Louis), *Lacépède et la sociologie humanitaire selon la nature*, Paris, 1932.
Thomazi (Auguste), *Histoire de la pêche, des âges de la pierre à nos jours*, Paris et Lausanne, 1947.
Zucher (Arnaud), *Les Classes zoologiques en Grèce ancienne d'Homère (VIIIe siècle av. J.-C.) à Élien (IIIe siècle apr. J.-C.)*, Paris, 2005.

3. 鲸与鲸目动物历史

概论

Barré (Michel), *Petit dictionnaire baleinier*, La Rochelle, 1992.
Buchet (Christian), Souza (Philip de) *et alii*, dir., *The Sea in History. La Mer dans l'Histoire*, Londres et Paris, 2017, 4 vol.
Budker (Paul), *Baleines et baleiniers*, Paris, 1957.
Cazeils (Nelson), *Monstres marins*, Rennes, 1998.
Cazeils (Nelson), *Dix siècles de chasse à la baleine*, Rennes, 1999.
Cohat (Yves) et Collet (Anne), *Vie et mort des baleines*, Paris, 2000.
Duguy (René) et Robineau (Daniel), *Guide des mammifères marins d'Europe*, Neuchâtel et Paris, 1982.
Jenkins (James T.), *A History of the Whale Fisheries, from the Basque Fisheries of the Tenth Century to the Hunting of the Finner Whale at the Present Date*, Londres, 1921.
Robineau (Daniel), *Cétacés de France*, Paris, 2005.
Sylvestre (Jean-Pierre), *Les Baleines et autres rorquals*, Neuchâtel et Paris, 2010.
Thewissen (J. G. M.) *et alii*, *Encyclopedia of Marine Mammals*, San Diego (É.-U.), 2002.
Vaucaire (Michel), *Histoire de la pêche à la baleine*, Paris, 1941.
Vergé-Franceschi (Michel), dir, *Dictionnaire d'histoire maritime*, Paris, 2002.
Wandrey (Rüdiger), *Guide des mammifères marins du monde*, Neuchâtel et Paris, 1999.

史前史、《圣经》研究、古代文化

Pierre Cattelain, Marie Gillard et Alison Smolderen, dir., *Disparus ? Les mammifères au temps de Cro-Magnon en Europe*, catalogue d'exposition, Treignes (Belgique), 2018, p. 335-354.
Corvisier (Jean-Nicolas), *Les Grecs et la mer*, Paris, 2008.
Cotte (Henri-Jules), *Poissons et animaux marins au temps de Pline. Commentaires sur le livre IX de l'« Histoire naturelle » de Pline*, Gap, 1944.
Day (John), *God's Conflict with the Dragon and the Sea*, Cambridge, 1985.
Delorme (Jean) et Roux (Charles), *Guide illustré de la faune aquatique dans l'art grec*, Juan-les-Pins, 1987.
Feuillet (André), « Les sources du livre de Jonas », *Revue biblique*, 1947, p. 27-42.
Icard (Noëlle) et Szabados (Anne-Violaine), « Cétacés et tritons : de la réalité à l'imaginaire », dans *Avec vue sur la mer. Actes du 132e congrès national des sociétés historiques et scientifiques (Arles 2007)*, Paris, 2011, p. 9-23.
Lacroix (Léon), *La Faune marine dans la décoration des plats à poissons. Étude sur la céramique grecque d'Italie méridionale*, Verviers, 1937.
Lodoen (Trond) et Mandt (Gro), *The Rock Art of Norway*, Oxford, 2010.
McPhee (Ian) et Trendall (Arthur D.), *Greek Red-Figured Fish-Plates*, Bâle, 1987.
Papadopoulos (John K.) et Ruscillo (Deborah), « A Ketos in Early Athens. An Archeology of Whales and Sea Monsters in the Greek World », *American Journal of Archeology*, vol. CVI, 2002, p. 187-227.
Pétillon (Jean-Marc), « Échos de l'océan : phoques et baleines en Europe au Paléolithique récent », dans Pétillon (Jean-Marc), « L'exploitation des cétacés au Paléolithique récent », *Les Nouvelles de l'archéologie*, 159, juin 2019, p. 11-14.
Peurière (Yves), *La Pêche et les Poissons dans la littérature latine classique. I. Des origines à la fin de la période augustéenne*, Bruxelles, 2003.
Philipps (Kyle M.), « Persee and Andromeda », *American Journal of Archeology*, vol. LXXII, 1968, p. 1-23.
Poplin (François), « La dent de cachalot sculptée du Mas-d'Azil, avec des remarques sur les autres restes de cétacés de la Préhistoire française », dans F. Poplin, dir., *La Faune et l'Homme préhistorique*, Paris, 1983, p. 81-94.
Saint-Denis (Eugène de), *Le Vocabulaire des animaux marins en latin classique*, Paris, 1949.
Sangmog (Lee), *Chasseurs de baleines. La frise de Bangudae (Corée du Sud)*, Paris, 2011.
Schauenburg (Konrad), « Andromeda I », dans *Lexikon iconographicum mythologiae classicae*, Zurich et Munich, t. I, 1981, p. 774-809.
Strömberg (Robert), *Studien zur Etymologie und Bildung der Griechischen Fischnamen*, Göteborg, 1943.
Thompson (Darcy Wentworth), *A Glossary of Greek Fishes*, Oxford, 1947.

中世纪

Douchet (Sébastien), « Dans le ventre du grand poisson : mer et parole dans le Livre de Jonas et son iconographie biblique », dans Chantal Connochie-Bourgne, éd., *Mondes marins du Moyen Âge*, Aix-en-Provence, 2006, p. 115-130 (*Senefiance*, 52).

Guizard (Fabrice), « Retour sur un monstre marin au haut Moyen Âge : la baleine », dans Alban Gautier et Céline Martin, éd., *Échanges, communications et réseaux dans le haut Moyen Âge*, Turnhout, 2011, p. 261-275.

Jacquemard (Catherine) *et alii*, éd., *Animaux aquatiques et monstres des mers septentrionales (Imaginer, connaître, exploiter, de l'Antiquité à 1600)*, Paris, 2018 (*Anthropozoologica*, 53).

Lebecq (Stéphane), « Scènes de chasse aux mammifères marins (mers du Nord, VIe-XIIe siècle) », dans

Malaxechevarria (Ignacio), « La baleine », *Circé. Cahiers de recherches sur l'imaginaire*, t. 12-13 (*Le Bestiaire*), 1982, p. 37-50.

Franco Morenzoni et Élisabeth Mornet, dir., *Milieux naturels, espaces sociaux. Études offertes à Robert Delort*, Paris, 1997, p. 241-254.

Moulinier (Laurence), « Les baleines d'Albert le Grand », *Médiévales*, vol. 22-23, 1992, p. 117-128.

Musset (Lucien), « Quelques notes sur les baleiniers normands du Xe au XIIIe siècle », *Revue d'histoire économique et sociale*, vol. 42, 1964, p. 147-161.

Szabo (Vicki E.), *Monstrous Fishes and the Mead-Dark Sea : Whaling in the Medieval North Atlantic*, Leyde, 2008.

Traineau-Durozoy (Anne-Sophie), « Saint Jérôme et Jonas à l'époque romane. De l'influence d'un Père de l'Église sur les textes et les images des XIe et XIIe siècles », *Cahiers de civilisation médiévale*, vol. 61, fasc. 244, 2018, p. 379-406.

Traineau-Durozoy (Anne-Sophie), « Comment l'animal qui avale Jonas devient-il une baleine ? », dans *XXIIIe colloque international de Prague*, Prague, 2019, p. 201-235.

Van Duzer (Chet), *Sea Monsters on Medieval and Renaissance Maps*, Londres, 2013.

Zug Tucci (Hannelore), « Il mondo medievale dei pesci tra realtà e immaginazione », *Settimane di studio del Centro italiano di studi sull'alto medioevo*, vol. XXXI/1, 1983 (1985), p. 291-360.

现当代

Arlov (Thor B.), *A Short History of Svalbard*, Oslo, 1994.

Balzamo (Elena), *Un archevêque venu du froid. Essais sur Olaus Magnus (1490-1557)*, Paris, 2019.

Bélanger (René), *Les Basques dans l'estuaire du Saint-Laurent*, Montréal, 1971.

Du Pasquier (Thierry), *Les Baleiniers français au XIXe siècle, 1814-1868*, Grenoble, 1982.

Du Pasquier (Thierry), *Les Baleiniers basques*, Paris, 2000.

Lawrence (Martha), *Scrimshaw : The Whaler's Legacy*, Atglen (É.-U.), 1993.

Mangili (Adrien), *D'os et de vent. Penser la baleine à la Renaissance*, Paris, 2023.

Magnus (Olaus), *Carta marina*, éd. Elena Balzamo, Paris, 2005.

Philbrick (Nathaniel), *In the Heart of the Sea : The Tragedy of the Whaleship Essex*, New York, 2001.

Robin (Dominique), « La pêche à la baleine à Saint-Jean-de-Luz au XVIIIe siècle », *Annales de Bretagne et des pays de l'Ouest*, vol. 102, 1995, p. 47-65.

Robineau (Daniel), *Une histoire de la chasse à la baleine*, Paris, 2007.

Schokkenbroek (Joost C. A.), *Trying-Out : An Anatomy of Dutch Whaling and Sealing in the Nineteenth Century, 1815-1885*, Amsterdam, 2008.

Tonnesen (Johan Nicolay) et Johnsen (Arne Odd), *The History of Modern Whaling*, Los Angeles, 1982.

Vanney (Jean-René), *Histoire des mers australes*, Paris, 1986.

图片来源

Couverture : © Bridgeman Images/Florilegius.

ADAGP, Paris 2023 : © Santiago Calatrava, Cité des sciences Valencia, ADAGP, Paris 2023 : 146 ; © Erik Dietman, ADAGP, Paris 2023 : 155 ; © Jackson Pollock 2023 The Pollock-Krasner Foundation/Artists Rights Society (ARS), New York/ADAGP, Paris 2023 : 158-159.
AKG : 138-139 ; British library : 8 ; Eric Vandeville : 16 (détail), 32- 33 ; Album/Oronoz : 22-23 ; Bible and Pictures : 30 ; Heritage Images/CM Dixon : 80 ; Rabatti-Domingie : 103 ; Fototeca Gilardi : 136.
Archives nationales, Paris : 79 gauche.
Avec l'aimable autorisation d'Alexandre Lefebvre, Gordailua Centro de Colecciones Patrimoniales de Gipuzkoa (Diputación Foral de Gipuzkoa) y Centro de Patrimonio Cultural Vasco (Departamento de Cultura de Gobierno Vasco) : 18.
Avec l'aimable autorisation d'Olivia Rivero : 20 gauche.
Avec l'aimable autorisation de Cannes de Collection - Daniel Traube : 122 haut.
Aurimages : Manuel Cohen : 51 ; Bodleian library Oxford : 55.
Bios photo : Gérard Soury : 148-149.
BNF, Paris : 39, 82.
Bridgeman : 26, 34-35, 47, 84, 88, 89, 133 ; NPL deA Picture Library : 41, 64 ; British Library Board. All Rights Reserved : 59, 67, 92-93, 96, 97 ; Tallandier : 79 droite ; Archives Charmet : 86-87 ; National Marine Museum Greenwich, Londres ; 112 (détail), 116 ; Peabody Essex Museum : 120 ; Pictures from history : 127 ; Look and Learn : 128, 142 ; Philadelphia Museum of Art, Pennsylvania, PA, USA Gift of Mrs. Eleanor Brown, 1973 : 135.
Cambridge University library : 52, 57, 68.
Collection ChristopheL : 131 ; World History Archive : 111.
DR : 76 (détail), 101, 108 (2), 109.
Getty : Loop images/Universal images : 146.
Getty Center : J. Getty Museum : 53.
© Gremm, Tadoussac, Québec : 105.
Kharbine Tapabor : Collection Vaussenat : 132 ; 140.
La Collection : Jean-François Amelot : 31.
Library of Congress : 119.
Metropolitan museum of New York : The Elisha Whittlesey Collection, The Elisha Whittlesey Fund, 1949 : 104 ; Catherine Lorillard Wolfe Collection, Whole Fund, 1896 : 114-115.
Nantucket Historical Association : A75 Ellen Ramsdell Photograph Album, Gift of Frances Karttunen, 1999.3 : 121 ; NHA purchase, 1918.0015.001 : 122 bas ; NHA purchase, 1992.0117.001 : 124-125.
Paris Musées : Musée Carnavalet : 141.
Photo 12 : Alamy : Realy Easy Star : 20-21 ; Eraza collection : 12 ; Liszt collection/Quint Lox Limited : 63 ; AF Fotografie : 98 ; Art Collection 2 : 106-107.
RMN-Grand Palais : Musée d'Archéologie national de Saint-Germain en Laye/Loïc Hamon : 19 ; The Trustees of the British Museum/The British Museum, Londres : 24 ; Berlin/Ingrid Geske-Heiden : 25 ; © Centre Pompidou, MNAM-CCI/ Philippe Migeat : 155 ; Musée du Louvre/Hervé Lewandowski : 27 ; Musée du Louvre/Christian Jean : 28 ; Domaine de Chantilly/René-Gabriele Ojéda : 48.
Rue du monde : 145.
Science photo library : Stewart, Paul D : 95.
Valenciennes, Bibliothèque municipale : 44 (détail), 60.
© Dean and Chapter of Westminster, Westminster Abbey Library, Londres, MS22 : 72-73.

*

Iconographie recueillie par Marie-Anne Méhay

致　谢

在本书成书之前，这段关于鲸的文化历史——更广泛地讲，关于整个动物界的文化历史——是我1983年至2019年间在法国高等研究应用学院和法国社会科学高等学院举办的多次研讨会的主题。我感谢所有的学生和听众在这36年间与我的交流。

我还要感谢所有在这些年里为我提供意见、校对、批评或建议的朋友、亲人、同事和博士生，特别感谢以下人士：塔利亚·布雷罗（Thalia Brero）、布丽吉特·比特纳（Brigitte Buettner）、佩琳·卡纳瓦焦（Perrine Canavaggio）、伊冯·卡扎尔（Yvonne Cazal）、克劳德·库普里（Claude Coupry）、弗朗索瓦·雅克松（François Jacquesson）、克里斯汀·拉波斯托勒（Christine Lapostolle）、克里斯蒂安·德·梅兰多尔（Christian de Mérindol）、弗朗索瓦·波普兰（François Poplin）、米歇尔·波波夫（Michel Popoff）、克劳迪娅·拉贝尔（Claudia Rabel）、安妮·里茨-吉尔贝尔（Anne Ritz-Guilbert）。感谢克劳迪娅·拉贝尔，她一如既往地细致审阅了我的手稿和校样；感谢皮埃尔·比罗（Pierre Bureau），他带我了解史前鲸，并与我分享了他关于中世纪海象和北极动物的知识。

还要感谢塞伊出版社，特别是“美丽书籍”团队的每一位成员：娜塔莉·博（Nathalie Beaux）、卡罗琳·福克斯-萨博罗（Caroline Fuchs-Sabolo）、伊丽莎白·特雷维桑（Elisabetta Trevisan），图片编辑玛丽-安妮·梅海（Marie-Anne Méhay）和卡琳·本扎昆（Karine Benzaquin），平面设计师埃尔万·德尼斯（Erwan Denis）和克里斯托夫·曼赫斯（Christophe Manhès），出版制作人维尔吉妮·勒鲁（Virginie Leroux），以及我的公关玛丽-克莱尔·沙尔维特（Marie-Claire Chalvet）和莱蒂西亚·科雷亚（Laetitia Correia）。以上所有人都为使本书成为一本精美的作品并帮助其传播做出了巨大贡献。